职业院校增材制造技术专业系列

3D 打印产品成形与后处理工艺

主　编　姚继蔚

副主编　邱　良　陈　剑　朱晶晶

参　编　冯　莉　徐　洋　谭　倩　许靳凯
　　　　刘振伟　史炜坚　那晓旭

主　审　付宏生　梁建和

机 械 工 业 出 版 社

本书是全国行业职业技能竞赛-全国电子信息服务业职业技能竞赛-“创想杯”增材制造（3D打印）设备操作员竞赛成果转化之一，由3D打印产品成形与后置处理经验丰富的教师与企业工程师共同编写而成。本书针对常用的3D打印产品成形与后处理工艺进行了一体化设计，主要内容包括：3D打印产品成形与后处理工艺基础知识、FDM打印产品后处理、SLA光固化打印产品后处理、SLM金属打印产品后处理、其他成形方式产品后处理。每一节任务都配有相应的思政元素，全书还配有相应的微课视频和课件资源。

本书可作为高等职业院校、技师学院、中等职业学校增材制造技术、模具设计与制造、机械设计与制造、机械制造及自动化、数字化设计与制造技术、工业设计等专业的教材；也可以作为职业技能大赛涉及3D打印产品成形与后置处理的参考书；还可以作为从事3D打印与后置处理技术人员的培训教材或参考书。

图书在版编目（CIP）数据

3D打印产品成形与后处理工艺/姚继蔚主编. —北京：机械工业出版社，2022.12（2024.7重印）

职业院校增材制造技术专业系列教材

ISBN 978-7-111-72128-4

Ⅰ.①3… Ⅱ.①姚… Ⅲ.①快速成型技术-高等职业教育-教材 Ⅳ.①TB4

中国版本图书馆CIP数据核字（2022）第224991号

机械工业出版社（北京市百万庄大街22号 邮政编码100037）
策划编辑：陈玉芝 王晓洁 责任编辑：陈玉芝 王晓洁
责任校对：韩佳欣 张 薇 封面设计：张 静
责任印制：郜 敏
天津市银博印刷集团有限公司印刷
2024年7月第1版第2次印刷
184mm×260mm · 8.5印张 · 229千字
标准书号：ISBN 978-7-111-72128-4
定价：49.90元

电话服务 网络服务
客服电话：010-88361066 机 工 官 网：www.cmpbook.com
010-88379833 机 工 官 博：weibo.com/cmp1952
010-68326294 金 书 网：www.golden-book.com
封底无防伪标均为盗版 机工教育服务网：www.cmpedu.com

职业院校增材制造技术系列教材编委会

前　言

3D打印（增材制造）技术出现在20世纪90年代中期，它与普通打印的原理基本相同，打印机内装有液体或粉末等“打印材料”，与计算机连接后，通过计算机控制把“打印材料”一层层叠加起来，最终把计算机上的设计图变成实物。近年来，增材制造已成为我国先进制造领域发展最快的技术方向之一。国家“十四五”规划明确了发展增材制造在提升制造业核心竞争力和智能制造技术方面的重要性，并将增材制造作为未来规划发展的重点领域。与此同时，教学和实际3D打印中，很难找到一本容易上手、边学边练、教学一体化的后处理工艺方面的图书。为了更好地适应实际3D打印产品成形与后处理工艺要求，同时满足院校与3D爱好者的需求，特组织学校教师和企业技术人员一起编写了本教材。

本教材全面落实党的二十大报告关于“实施科教兴国战略，强化现代化建设人才支撑”，“深入实施人才强国战略”重要论述，明确把培养大国工匠和高技能人才作为重要目标，大力弘扬劳模精神、劳动精神、工匠精神。深入产教融合，校企合作，为全面建设技能型社会提供有力人才保障。

本教材设有5个项目，17个任务，设有“学习目标”“任务描述”“任务分析”“任务实施”“任务评价”等栏目。主要特点如下：

1. 校企共同开发

教材的难度和深度与实际生产密切结合，根据技术领域和职业岗位的要求，参照职业技能标准要求进行书写。书中的案例绝大部分来自生产实际，部分素材由企业直接提供，并由全国技术能手指导。

2. “课程思政”贯穿全过程

教材将习近平新时代中国特色社会主义思想有效融入，引入“大国工匠”事迹，发挥育人功能，注重学生实践创新能力的培养。

3. 一体化教学

教材以职业活动为导向、以综合职业能力培养为核心，构建理论教学与技能操作融会贯通的课程体系。根据典型工作任务和工作过程设计课程体系和内容，按照工作过程的顺序安排教学活动，实现理论教学与实践教学融通合一、能力培养与工作岗位对接合一。

4. 引入 COMETT 职业能力测评

通过引入 COMETT 职业能力测评的方法，培养读者的自我评价能力。

本教材编写分工如下：项目 1 由姚继蔚编写；项目 2 由徐洋、许靳凯、朱晶晶、姚继蔚编写；项目 3 由陈剑、谭倩、姚继蔚编写；项目 4 由姚继蔚、冯莉编写；项目 5 由邱良、刘振伟、史炜坚、那晓旭编写；全书思政内容由姚继蔚编写。

本教材由资深专家清华大学基础训练中心顾问付宏生教授和广西机械工程学会副理事长梁建和教授担任主审，并对本教材的编写提出了宝贵的建议和意见。参加本教材编写院校和企业有：天津职业技术师范大学附属高级技术学校（技师学院）、徐州技师学院、湖南铁道职业技术学院、湖南化工职业技术学院、湖州市现代农业技术学校、创想三维科技股份有限公司、上海汉邦联航激光科技有限公司、上海联宏创能信息科技有限公司。

由于本教材涉及的内容较为广泛，但收集的资料有限，教材难免有不足和欠妥之处，恳请广大读者批评指正。

编　者

3D打印产品成形与后处理工艺二维码清单

任务 2.4.1	小汽车模型后处理		任务 4.4.1	弯管后处理	
任务 2.4.2	玩具足球后处理		任务 4.4.2	梳子后处理	
任务 2.4.3	可调角度手机 支架后处理		任务 4.4.3	启瓶器后处理	
任务 3.4.1	跨座式单轨游览车 模型后处理		任务 5.2.3	陶泥打印件后处理	
任务3 .4.2	动漫人物手办后处理		任务 5.3.3	尼龙打印件后处理	

目　录

前言
项目 1　3D 打印产品成形与后处理工艺基础知识 …… 1
任务 1.1　3D 打印产品成形 …… 1
任务 1.1.1　熔丝堆积成形（FDM） …… 2
任务 1.1.2　光敏树脂液相固化成形（SLA） …… 4
任务 1.1.3　选择性激光粉末烧结成形（SLS） …… 6
任务 1.1.4　选择性激光粉末熔化成形（SLM） …… 8
任务 1.1.5　薄片分层叠加成形（LOM） …… 10
任务 1.2　3D 打印产品成形后处理技术 …… 12
任务 1.2.1　分离操作 …… 13
任务 1.2.2　去支撑操作 …… 13
任务 1.2.3　日常表面处理操作 …… 13
任务 1.2.4　工业表面处理操作 …… 15
任务 1.2.5　模型上色操作 …… 16
任务 1.2.6　改变产品性能的处理 …… 18
项目 2　FDM 打印产品后处理 …… 20
任务 2.1　FDM 打印产品后处理常用工具 …… 20
任务 2.1.1　分离工具 …… 21
任务 2.1.2　去支撑工具 …… 21
任务 2.1.3　表面处理工具 …… 22
任务 2.1.4　其他工具 …… 28
任务 2.2　FDM 打印产品后处理常用设备 …… 30
任务 2.2.1　喷砂机 …… 31
任务 2.2.2　振动抛光机 …… 33
任务 2.2.3　真空镀膜机 …… 35
任务 2.2.4　丝印机 …… 36
任务 2.2.5　镭雕机 …… 38
任务 2.3　FDM 打印产品后处理工艺过程 …… 40
任务 2.3.1　分离操作 …… 40
任务 2.3.2　去支撑操作 …… 41
任务 2.3.3　热处理操作 …… 41
任务 2.3.4　表面加工操作 …… 42
任务 2.3.5　上色及装配操作 …… 42
任务 2.4　FDM 打印产品后处理案例 …… 44
任务 2.4.1　小汽车模型后处理 …… 45
任务 2.4.2　玩具足球模型后处理 …… 47
任务 2.4.3　可调角度手机支架后处理 …… 48
项目 3　SLA 光固化打印产品后处理 …… 51
任务 3.1　SLA 光固化打印产品后处理常用工具 …… 51
任务 3.1.1　防护工具 …… 52
任务 3.1.2　取件工具 …… 52
任务 3.1.3　清洗工具 …… 53
任务 3.2　SLA 光固化打印产品后处理常用设备 …… 55
任务 3.2.1　超声波清洗机 …… 55
任务 3.2.2　紫外线固化箱 …… 59
任务 3.2.3　喷笔 …… 60
任务 3.3　SLA 光固化打印产品后处理工艺过程 …… 62
任务 3.3.1　分离操作 …… 62
任务 3.3.2　去支撑操作 …… 62
任务 3.3.3　清洗操作 …… 63
任务 3.3.4　固化操作 …… 63
任务 3.3.5　表面加工操作 …… 63
任务 3.3.6　上色操作 …… 63
任务 3.4　SLA 光固化打印产品后处理案例 …… 66
任务 3.4.1　跨座式单轨游览车模型 …… 66
任务 3.4.2　动漫人物手办模型（COMET 应用） …… 70
项目 4　SLM 金属打印产品后处理 …… 78
任务 4.1　SLM 金属打印产品后处理常用

工具 …………………………………… 78
任务 4.1.1 防护工具 ………………………… 79
任务 4.1.2 取件工具 ………………………… 79
任务 4.1.3 夹持、分离工具 …………………… 81
任务 4.1.4 去支撑工具 ……………………… 84
任务 4.1.5 表面处理工具 …………………… 84
任务 4.2 SLM 金属打印产品后处理常用设备 …………………………………… 88
任务 4.2.1 吸尘器 ………………………… 89
任务 4.2.2 气氛热处理炉 …………………… 91
任务 4.2.3 电火花线切割设备 ……………… 92
任务 4.2.4 喷砂机 ………………………… 99
任务 4.2.5 筛粉机 ………………………… 99
任务 4.2.6 后处理工作台 ………………… 101
任务 4.3 SLM 金属打印产品后处理工艺过程 ……………………………… 102
任务 4.3.1 清粉操作 …………………… 103
任务 4.3.2 热处理操作 ………………… 103
任务 4.3.3 分离操作 …………………… 104
任务 4.3.4 去支撑操作 ………………… 104
任务 4.3.5 表面加工操作 ……………… 105
任务 4.3.6 装配操作 …………………… 106
任务 4.4 SLM 金属打印产品后处理案例 … 108
任务 4.4.1 弯管后处理 ………………… 108
任务 4.4.2 梳子后处理 ………………… 111
任务 4.4.3 开瓶器后处理 ……………… 111
项目 5 其他成形方式产品后处理 ……… 115
任务 5.1 能量沉积 3D 打印产品后处理 …… 115
任务 5.1.1 能量沉积 3D 打印产品后处理工具 ………………………… 116
任务 5.1.2 能量沉积 3D 打印产品后处理流程 ………………………… 116
任务 5.2 陶泥 3D 打印产品后处理 ………… 119
任务 5.2.1 陶泥 3D 打印产品后处理工具 ………………………… 119
任务 5.2.2 陶泥 3D 打印产品后处理流程 ………………………… 120
任务 5.2.3 陶泥 3D 打印产品后处理案例 ………………………… 120
任务 5.3 尼龙 3D 打印产品后处理 ………… 122
任务 5.3.1 尼龙 3D 打印产品后处理工具 ………………………… 123
任务 5.3.2 尼龙 3D 打印产品后处理流程 ………………………… 123
任务 5.3.3 尼龙 3D 打印产品后处理案例 ………………………… 123
参考文献 ……………………………………… 127

项目1　3D打印产品成形与后处理工艺基础知识

【思维导图】

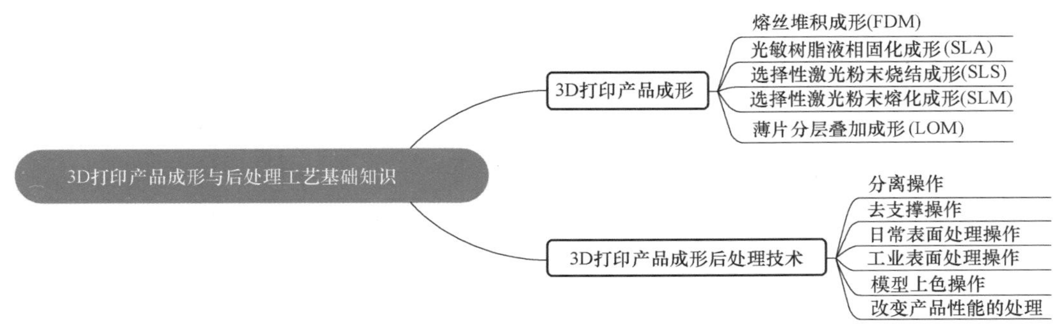

任务1.1　3D打印产品成形

【学习目标】

技能目标：能够了解常用的3D打印产品成形方法。
知识目标：了解3D打印成形原理、特点、设备及应用。
素养目标：培养精益求精的职业素养和大国工匠精神。

【任务描述】

1. FDM、SLA、SLS、SLM、LOM打印成形原理。
2. FDM、SLA、SLS、SLM、LOM打印成形特点、设备及应用。

【任务分析】

常用的3D打印成形方式有FDM、SLA、SLS、SLM、LOM，在实际使用中选择出最佳成形方式，需要了解其成形原理、成形特点、设备及应用方法，才能做到运用自如。

【任务实施】

3D打印技术是在20世纪90年代发展起来的，之前被称作快速成形技术（Rapid Prototyping，简称 RP)，被认为是制造领域的一次重大突破，其对制造业的影响可与 20 世纪五六十年代的数控技术相比。3D 打印技术是由 CAD 模型直接驱动的，快速制造任意形状复杂的三维物理实体的技术。它基于离散/堆积成形原理，综合了机械工程、CAD 技术、数控技术、激光技术及材料科学，可以自动、直接、快速、精确地将设计思想转变为具有一定功能的原型或直接制造零件，从而可以对产品设计进行快速评估、修改及功能试验，大大缩短了产品的研制周期。而以 3D 打印技术为基础发展起来并已成熟的快速工装模具制造、快速精铸技术则可实现零件的快速制造，它基于一种全新的制造概念——增材加工法。由于 CAD 技术和光、机、电控制技术的发展，这种新型的样件制造工艺——3D 打印快速成形技术正日益广泛应用于生产中。

我国于 20 世纪 90 年代初先后在快速成形工艺研究、成形设备开发、数据处理及控制软件、新材料的研发等方面做了大量卓有成效的工作，赶上了世界发展水平的步伐并有所创新，现已开发研制出了系列化的快速成形商品化设备。

在众多的快速成形工艺中，具有代表性的工艺是：熔丝堆积成形、光敏树脂液相固化成形、选择性激光粉末烧结成形、选择性激光粉末熔化成形、薄片分层叠加成形。以下对这些典型工艺的基本原理、特点，基本设备及应用等分别进行阐述。

任务 1.1.1 熔丝堆积成形（FDM）

熔丝堆积成形（Fused Deposition Modeling，FDM）工艺由美国学者 Dr. Scott Crump 于 1988 年研制成功，并由美国 Stratasys 公司推出商品化的产品。FDM 所用的材料一般是热塑性材料，如蜡、ABS、尼龙等，以丝状供料。材料在喷头内被加热熔化，喷头沿零件截面轮廓和填充轨迹运动，同时将熔化的材料挤出，材料迅速凝固，并与周围的材料凝结。

1. 熔丝堆积成形工艺的原理

熔丝堆积成形工艺利用热塑性材料的热熔性、黏结性，在计算机控制下层层堆积成形。图 1-1 为熔丝堆积成形工艺原理图，材料先抽成丝状，通过送丝机构送进喷头，在喷头内被加热熔化，喷头沿零件截面轮廓和填充轨迹运动，同时将熔化的材料挤出，材料迅速固化，并与周围的材料黏结，层层堆积成形。

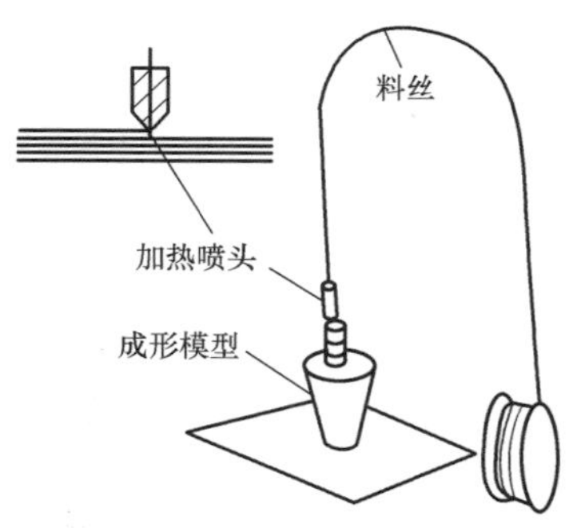

图 1-1 熔丝堆积成形工艺原理图

2. 熔丝堆积成形工艺的特点和成形材料

熔丝堆积成形工艺不用激光，因此使用、维护简单，成本较低。用蜡成形的零件原型，可以直接用于熔模铸造。用 ABS 工程塑料制造的原型因具有较高的强度，而在产品设计、测试方面得到了广泛应用。以 FDM 工艺为代表的熔融材料堆积成形工艺具有一些显著优点，因此该工艺发展极为迅速。

（1）熔丝堆积成形工艺的优点

1）由于热熔挤压喷头系统构造原理和操作简单，故维护成本低，系统运行安全。

2）成形速度慢，用熔融沉积方法生产出来的产品，不需要 SLA 中的刮板再加工这一道工序。

3）用蜡成形的零件原形，可以直接用于熔模铸造。

4）可以成形任意复杂程度的零件，常用于成形具有复杂的内腔、孔等的零件。

5）原材料在成形过程中无化学变化，制件的翘曲变形小。

6）原材料利用率高，且材料寿命长。

（2）熔丝堆积成形工艺的缺点

1）成形件的表面有较明显的条纹，较粗糙，不适合高精度精细小零件的成形。

2）沿成形轴垂直方向的强度比较弱。

3）需要设计与制作支撑结构。

4）需要对整个截面进行扫描涂覆，成形时间较长。

5）支撑去除相对麻烦。

（3）熔丝堆积成形工艺的基础　FDM 工艺中使用的材料除成形材料外还有支承材料。

1）成形材料。熔丝堆积成形工艺常用 ABS 工程塑料丝作为成形材料，对材料的要求是熔融温度低（80~120℃）、黏度低、黏结性好、收缩率小。影响材料挤出过程的主要因素是黏度。材料的黏度低、流动性好，阻力就小，有助于材料顺利挤出。材料的流动性差，需要很大的送丝压力才能挤出，会增加喷头的启停响应时间，从而影响成形精度。

熔融温度低对熔丝堆积成形工艺的好处是多方面的：熔融温度低可以使材料在较低的温度下挤出，有利于延长喷头和整个机械系统的寿命；可以减小材料在挤出前后的温差，减小热应力，从而提高原型的精度。

黏结性主要影响零件的强度。熔丝堆积成形工艺是基于分层制造的一种工艺，层与层之间往往是零件强度最薄弱的地方，黏结性的好坏决定了零件成形以后的强度。如果黏结性过低，有时在成形过程中热应力就会造成层与层之间的开裂。收缩率在很多方面影响零件的成形精度。

2）支承材料。采用支承材料是加工中采取的辅助手段，在加工完毕后必须去除支承材料，所以支承材料与成形材料的亲和性不能太好。

3. 熔丝堆积成形的设备和应用

熔丝堆积成形工艺和设备应用广泛。由于 FDM 工艺的一大优点是可以成形任意复杂程度的零件，经常用于成形具有复杂内腔、孔等的零件，但精度较差。常用的熔丝堆积成形设备如图 1-2a、b 所示。

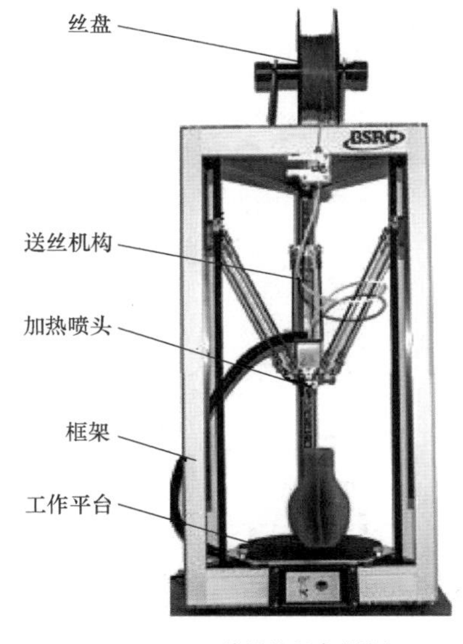

a)熔丝堆积成形设备1

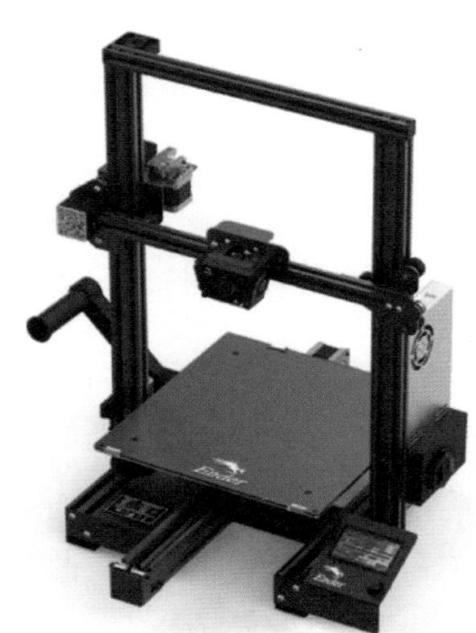

b) 熔丝堆积成形设备2

图 1-2　熔丝堆积成形设备

熔丝堆积成形工艺打印的实例如图 1-3a~d 所示。

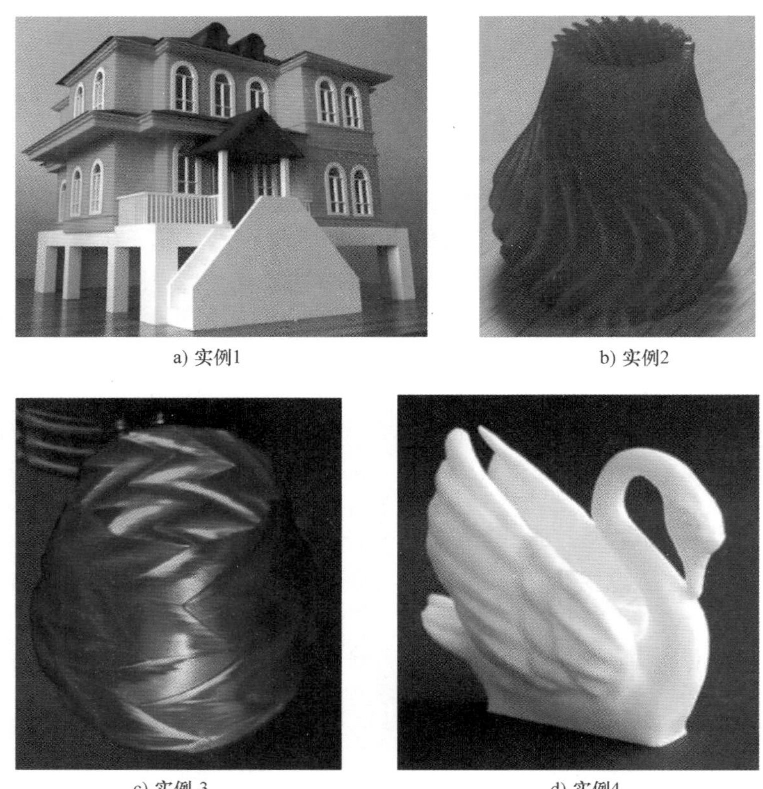

a) 实例1　b) 实例2　c) 实例 3　d) 实例4

图 1-3　熔丝堆积成形工艺打印的实例

任务 1.1.2　光敏树脂液相固化成形（SLA）

光敏树脂液相固化成形（Stereo lithography Appearance，SLA）又称为光固化立体造型或立体光刻。它由 Charles Hul 发明并于 1984 年获美国专利。1988 年美国 3D 系统公司推出世界上第一台商品化的快速原型成形机。SLA 系列成形机占据着 RP 设备市场较大的份额。

1. 光敏树脂液相固化成形工艺的原理

SLA 工艺是基于液态光敏树脂的光聚合原理工作的。这种液态材料在一定波长和功率的紫外激光的照射下能迅速发生光聚合反应，相对分子质量急剧增大，材料也就从液态转变成固态。图 1-4 为 SLA 工艺原理图。液槽中盛满液态光敏树脂，激光束在偏转镜的作用下，在液体表面上扫描，扫描的轨迹及激光的有无均由计算机控制，光点扫描到的地方，液体就固化。成形开始时，工作平台在液面下一个确定的深度，液面始终处于激光的焦点平面内，聚焦后的光斑在液面上按计算机的指令逐点扫描即逐点固化；当一层扫描完成后，未被照射的地方仍是液态树脂；然后升降台带动平台下降

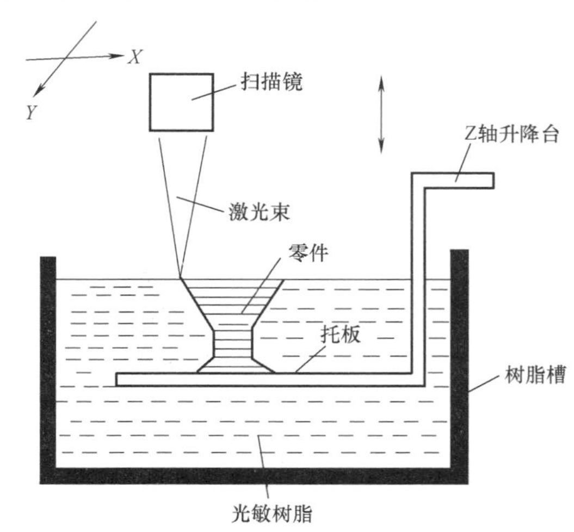

图 1-4　光敏树脂液相固化成形工艺原理图

一层高度（约0.1mm），已成形的层面上又布满一层液态树脂，刮平器将黏度较大的树脂液面刮平，然后再进行下一层的扫描，新固化的一层牢牢地黏在前一层上，如此重复，直到整个零件制造完毕，得到一个三维实体原型。

光敏树脂液相固化成形工艺方法是目前3D技术领域中研究得最多的方法，也是技术上最为成熟的方法。光敏树脂液相固化成形工艺成形的零件精度较高。经过多年研究，改进了截面扫描方式和树脂成形性能，使该工艺的精度能达到或小于0.1mm。

2. 光敏树脂液相固化成形工艺的特点和成形材料

光敏树脂液相固化成形的特点是精度高、表面质量好、原材料利用率接近100%，能制造形状特别复杂（如空心零件）、特别精细（如首饰、工艺品等）的零件。制作出来的原型件可快速翻制各种模具。

SLA工艺的成形材料称为光敏树脂（或称为光固化树脂），光敏树脂中主要包括低聚物、反应性稀释剂及光引发剂。根据引发剂的引发机理，光敏树脂可以分为三类：自由基光敏树脂、阳离子光敏树脂和混杂型光敏树脂。自由基光敏树脂、阳离子光敏树脂和混杂型光敏树脂各有优点，目前的趋势是使用混杂型光敏树脂。

3. 光敏树脂液相固化成形的应用

光敏树脂液相固化成形的应用有很多方面，可直接制作各种树脂功能件，用于结构验证和功能测试；可制作比较精细和复杂的零件；可制造出有透明效果的制件；制作出来的原型件可快速翻制各种模具，如硅橡胶模、金属冷喷模、陶瓷模、合金模、电铸模、环氧树脂模和消失模等。图1-5是光敏树脂液相固化成形工艺的应用实例，其中图1-5a为牙模齿科件，图1-5b为珠宝设计件，图1-5c为医学领域件，图1-5d为建筑设计件。

a) 牙模齿科件　b) 珠宝设计件　c) 医学领域件　d) 建筑设计件

图1-5　光敏树脂液相固化成形工艺应用实例

SLA工业机能制作耐用、坚硬、防水的功能零件。SLA工业机固化快速、成型精度高、表面效果好，具有ABS类似性能，以及机械强度高、低气味、耐储存、通用性强等特点，是国内主流SLA快速成型设备。

SLA桌面机具有固化速度快、成形精度高、低气味、耐储存等特点，可以长时间连续打印不黏底（硅胶或离型膜），主要应用于小件模型、手办的制作、个性化设计DIY、3D教育推广等领域。而DLP桌面机具有固化速度快、高精度、高硬度、低灰分、无残留、失蜡铸造效果好等特点，可以长时间连续打印不黏底（硅胶或离型膜），广泛应用于珠宝首饰、牙科等领域。

4. 光敏树脂液相固化成形的设备

图 1-6a 为 LD-002R 型液相固化快速成形机的外形，图 1-6b 为 Z 轴升降工作台，图 1-6c 为光学系统示意图。

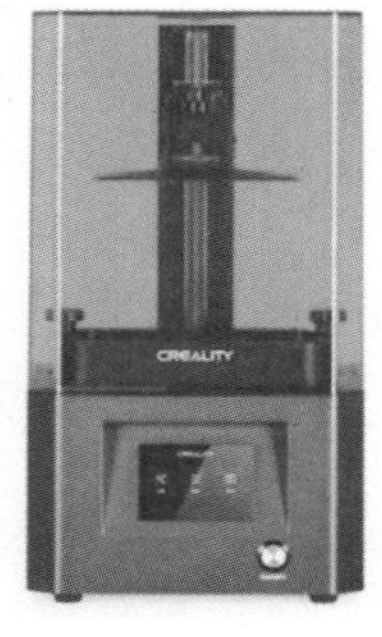

a) LD-002R型液相固化快速成形机的外形

b) Z轴升降工作台

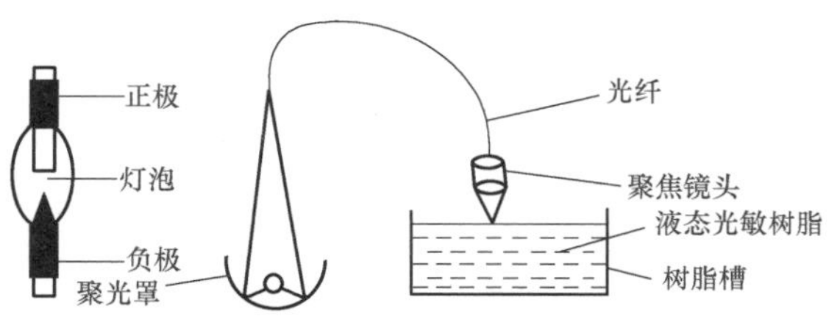

c) 光学系统示意图

图 1-6　LD-002R 型液相固化快速成形机的外形及结构

LD-002R 型液相固化快速成形机采用普通紫外光源，通过光纤将经过一次聚焦后的普通紫外光导入透镜，经过二次聚焦后，照射在树脂液面上。二次聚焦镜夹持在二维数控工作台上，实现 X-Y 二维扫描运动，配合 Z 轴的升降运动，从而获得三维实体。Z 轴升降工作台主要完成托板的升降运动。在制作过程中，进行每一层的向下步进，制作完成后，工作台快速提升出树脂液面，以方便零件的取出。其运动采用步进电动机驱动、丝杠传动、导轨导向的形式，以保证 Z 向的运动精度。其结构包括步进电动机、滚珠丝杠副、导轨副、吊梁、托板、立板，如图 1-6b 所示。

X、Y 方向工作台主要完成聚焦镜头在液面上的二维精确扫描，实现每一层的固化。采用步进电动机驱动、精密同步带传动、精密导轨导向的运动方式。

光学系统的光源采用紫外汞氙灯，用椭球面聚光罩实现第一次反射聚焦，聚焦后经光纤耦合传导，再经透镜实现二次聚焦，最后将光照射到树脂液面上，如图 1-6c 所示。

任务 1.1.3　选择性激光粉末烧结成形（SLS）

选择性激光粉末烧结成形（Selected Laser Sintering，SLS）工艺又称为选区激光烧结，由美国德克萨斯大学奥斯汀分校的 C. R. Dechard 于 1989 年研制成功。该方法已被美国 DTM 公司商品化。

1. 选择性激光粉末烧结成形工艺的原理

选择性激光粉末烧结成形工艺利用粉末材料（金属粉末或非金属粉末）在激光照射下烧结的原理，在计算机控制下层层堆积成形。选择性激光粉末烧结成形工艺成形原理图如图 1-7 所示，此法采用 CO_2 激光器作为能源，目前使用的造型材料多为各种粉末材料。在工作台上均匀铺上一层很薄（0.1～0.2mm）的粉末，激光束在计算机控制下按照零件分层轮廓有选择性地进行烧结，一层完成后再进行下一层烧结。全部烧结完后去掉多余的粉末，再进行打磨、烘干等处理便获得零件。

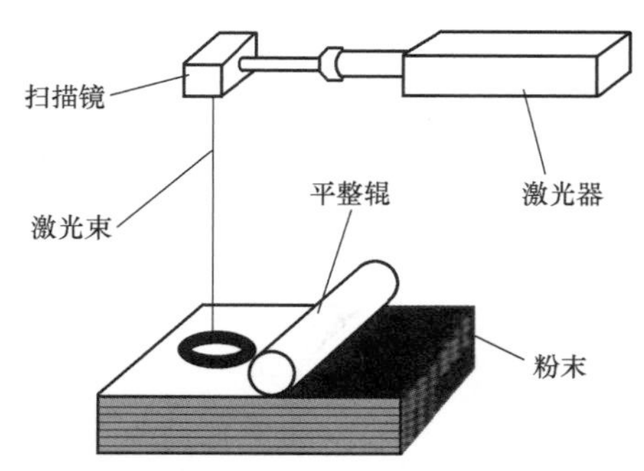

图 1-7　选择性激光粉末烧结成形工艺成形原理图

2. 选择性激光粉末烧结成形工艺的特点和成形材料

SLS工艺的特点是材料适应面广，不仅能制造塑料零件，还能制造陶瓷、石蜡等材料的零件。特别是可以直接制造金属零件，这使选择性激光粉末烧结成形工艺颇具吸引力。另一特点是选择性激光粉末烧结成形工艺无须加支撑，因为没有被烧结的粉末起到了支撑的作用，因此可以烧结制造空心、多层镂空的复杂零件。

选择性激光粉末烧结成形工艺早期采用蜡粉及高分子塑料粉作为成形材料，现在用金属或陶瓷粉进行黏结或烧结的工艺也已进入实用阶段。任何受热后能黏结的粉末都有被用作选择性激光粉末烧结成形原材料的可能性，原则上这包括了塑料、陶瓷、金属粉末及它们的复合粉。

为了提高原型的强度，用于选择性激光粉末烧结成形工艺材料的研究转向金属和陶瓷，这也正是选择性激光粉末烧结成形工艺比光敏树脂液相固化成形（SLA）、薄片分层叠加成形（LOM）工艺的优越之处。近年来，金属粉末的制取越来越多地采用雾化法。主要有两种方式：离心雾化法和气体雾化法。它们的主要原理是使金属熔融，将金属液滴高速甩出并急冷，随后形成粉末颗粒。

选择性激光粉末烧结成形工艺还可以采用其他粉末，比如聚碳酸酯粉末，当烧结环境温度控制在聚碳酸酯软化点附近时，由于其线胀系数较小，进行激光烧结后，被烧结的聚碳酸酯材料翘曲较小，具有很好的工艺性能。

3. 选择性激光粉末烧结成形的设备和应用

图1-8为两种选择性激光粉末烧结成形设备的外形。

图1-9为激光烧结成形机光路系统示意图，其主要组成部件有：激光器、反射镜、扩束聚焦系统、扫描器、光束合成器、指示光源。其中的激光器为最大输出功率为50W的CO_2激光器。扫描器由两个相互垂直的反射镜组成，每个反射镜由一个振动电动机驱动，激光束先入射到X镜，从X镜反射到Y镜，再由Y镜反射到加工表面，电动机驱动反射镜振动，同时激光束在有效视场内扫描。

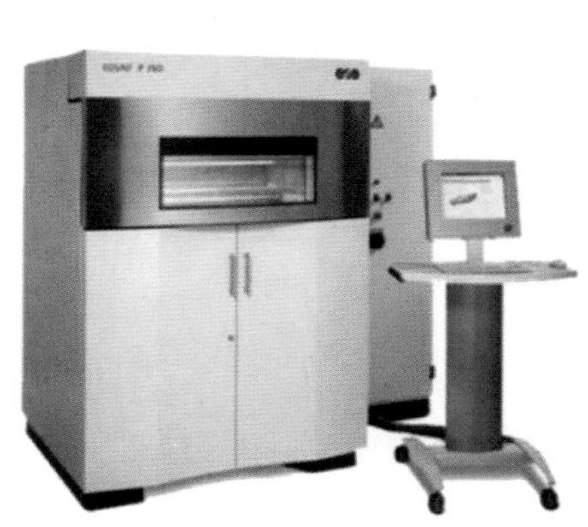

图1-8　两种选择性激光粉末烧结成形设备的外形

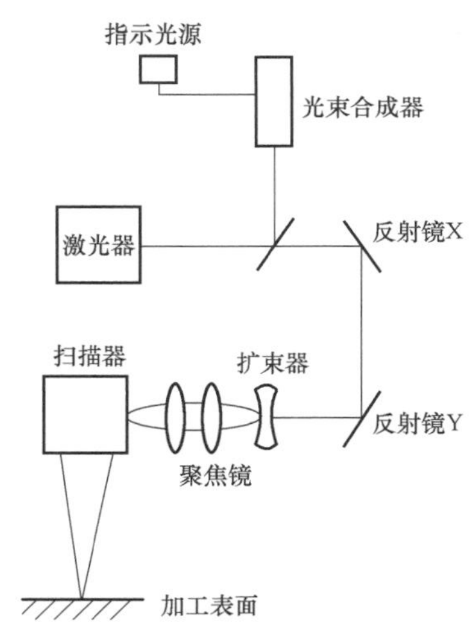

图1-9　激光烧结成形机光路系统示意图

由于加工用的激光束是不可见光，这样不便于调试和操作，所以采用指示光源，将一个可见光束与激光束会并在一起，这样可在调试时清晰地看见激光光路，以便于各光学元件和工件的定位和调整。

选择性激光粉末烧结成形（SLS）工艺的应用范围与光敏树脂液相固化成形（SLA）工艺类似，可直接制作各种高分子粉末材料的功能件，用于结构验证和功能测试，并可用于装配样机。制件可直接用作熔模铸造用的蜡模和砂型、型芯，制作出来的原型件可快速翻制各种模具，如硅橡胶模、金属冷喷模、陶瓷模、合金模、电铸模、环氧树脂模和消失模等。选择性激光粉末烧结成形工艺打印件实例如图 1-10 所示，其中图 1-10a 为尼龙的方向盘，图 1-10b 为管道设计件。

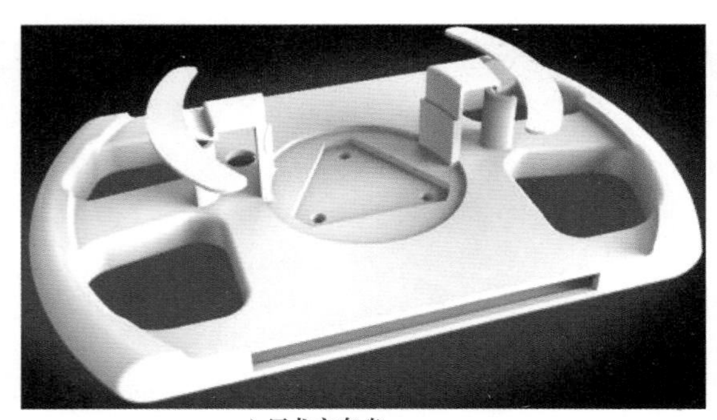
a) 尼龙方向盘

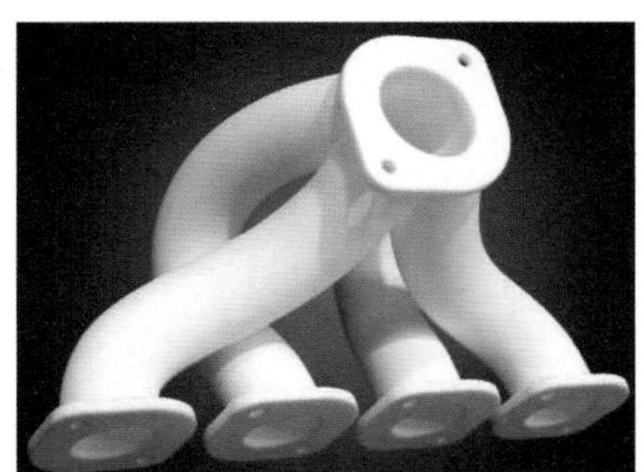
b) 管道设计件

图 1-10　选择性激光粉末烧结成形工艺打印件实例

任务 1.1.4　选择性激光粉末熔化成形（SLM）

1. 选择性激光粉末熔化成形工艺的原理

选择性激光粉末熔化成形（SLM）工艺与选择性激光粉末烧结成形（SLS）工艺成形原理基本相同，如图 1-11 所示，不同之处在于使用金属粉末和高功率的激光器。首先设备铺粉系统将粉末平整地铺在基板上，然后扫描系统根据 CAD 零件模型提供的信息将激光按照数字模型打到粉末上将粉末熔化，之后迅速冷凝成形。接着设备继续执行铺粉动作进行下一层打印成形，通过一层一层的堆积熔化成形将零件打印完成。采用中小功率激光并配合使用快速完全熔化选区金属粉末技术与快速冷却凝固技术，可以获得非平衡态过饱和固溶体及均匀细小的金相组织，致密度近乎 100%，粉末材料可以是单一金属粉末、复合粉末、高熔点难熔合金粉末。

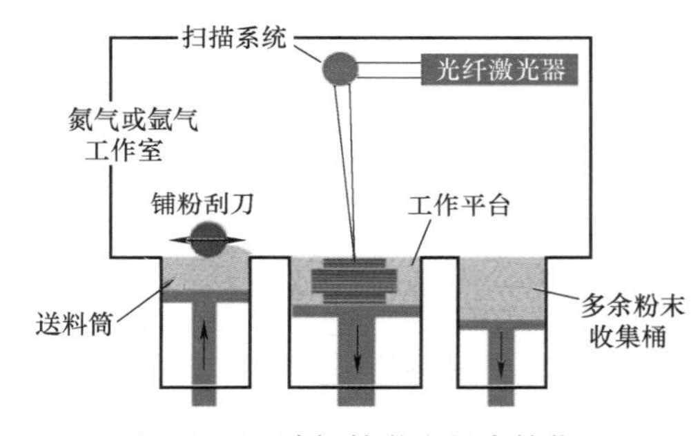

图 1-11　选择性激光粉末熔化成形工艺成形原理图

2. 选择性激光粉末熔化成形工艺的特点

选择性粉末熔化成形工艺的特点是材料适应面广，不仅能制造塑料零件，还能制造陶瓷、石蜡等材料的零件。特别是可以直接制造金属零件，这使 SLM 工艺颇具吸引力。

近年来，金属粉末的制取越来越多地采用雾化法。主要有两种方式：离心雾化法和气体雾化法。它们的主要原理是使金属熔融，将金属液滴高速甩出并急冷，随后形成粉末颗粒。

选择性粉末熔化成形工艺也可以采用聚碳酸酯粉末。

3. 选择性激光粉末熔化成形工艺的应用

选择性激光粉末熔化成形（SLM）工艺的应用范围与选择性激光粉末烧结成形（SLS）工艺类似，制件可直接用作熔模铸造用的蜡模和砂型、型芯，制作出来的原型件可快速翻制各种模具，如硅橡胶模、金属冷喷模、陶瓷模、合金模、电铸模、环氧树脂模和消失模等。图1-12是选择性激光粉末熔化成形工艺打印件实例，其中图1-12a为转向节，图1-12b为管道件，图1-12c为开瓶器，图1-12d为金属零件夹。

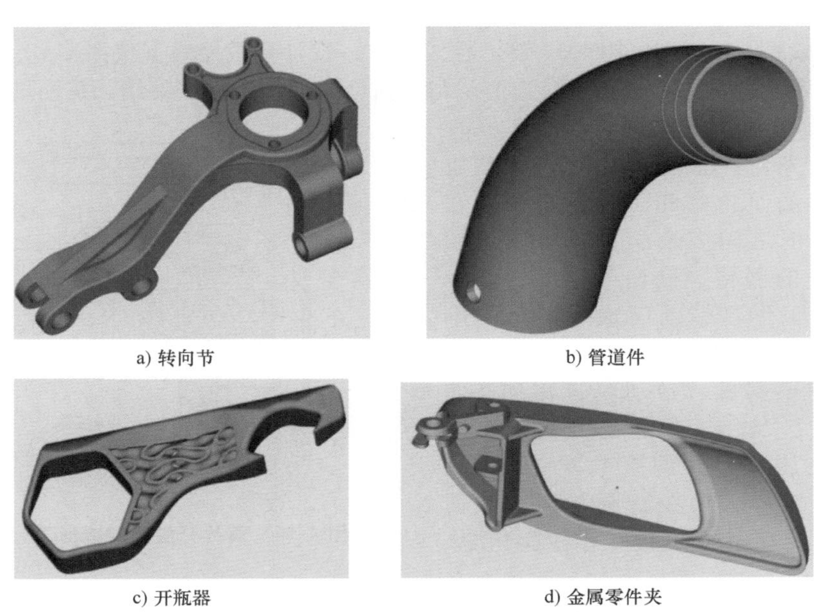

a) 转向节　b) 管道件　c) 开瓶器　d) 金属零件夹

图1-12　选择性激光粉末熔化成形工艺打印件实例

4. 选择性激光粉末熔化成形工艺的设备

选择性激光粉末熔化成形工艺的设备如图1-13所示。设备主机包括光学成形系统、运动成形系统、循环净化系统、气氛保护系统、循环冷却系统五部分。

图1-13　选择性激光粉末熔化成形工艺的设备

任务 1.1.5 薄片分层叠加成形（LOM）

薄片分层叠加成形（Laminated Object Manufacturing，LOM）工艺又称为叠层实体制造或分层实体制造，由美国 Helisys 公司于 1986 年研制成功，并推出商品化的机器。因为常用纸作为原料，故又称为纸片叠层法。

1. 薄片分层叠加成形工艺的原理

薄片分层叠加成形工艺采用薄片材料，如纸、塑料薄膜等作为成形材料，片材表面事先涂覆上一层热熔胶。加工时，用 CO_2 激光器（或刀）在计算机控制下按照 CAD 分层模型轨迹切割片材，然后通过热压辊热压，使当前层与下面已成形的工件层黏结，从而堆积成形。

图 1-14 为薄片分层叠加成形工艺原理图。用 CO_2 激光器在最上面、刚黏的新层上切割出零件截面轮廓和工件外框，并在截面轮廓与外框之间多余的废料区域内切割出上下对齐的网格，以便于清除；激光切割完成后，工作台带动已成形的工件下降，与带状片材（料带）分离；供料机构转动收料轴和供料轴，带动料带移动，使新层移到加工区域；工作台上升到加工平面；热压辊热压，工件的层数增加一层，高度增加一个料厚，再在新层上切割截面轮廓。如此反复直至零件的所有截面切割、黏结完毕，得到三维的实体零件。

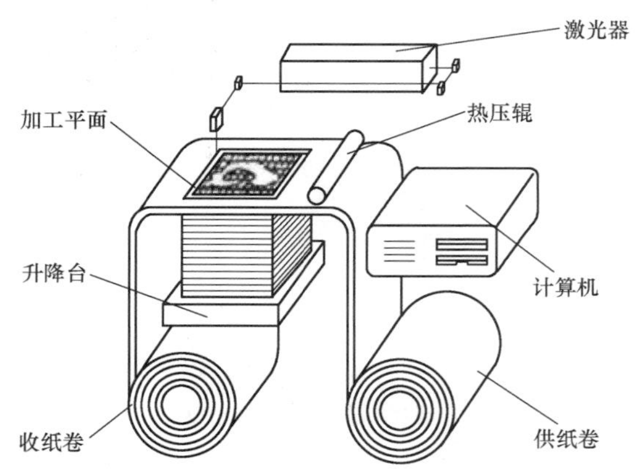

图 1-14 薄片分层叠加成形工艺原理图

2. 薄片分层叠加成形工艺的特点和成形材料

（1）薄片分层叠加成形工艺的优点

1）制件精度高。在薄形材料选择性切割成形时，在原材料中，只有极薄的一层胶发生状态变化，即由固态变为熔融态，而主要的基底材料仍保持固态不变，因此翘曲变形较小，无内应力。

2）分层实体制造中激光束只需按照分层信息提供的截面轮廓线切割而无须对整个截面进行扫描，且无须设计和制作支撑，所以制作效率高、成本低。结构制件能承受高达 200℃ 的温度，有较高的硬度和较好的力学性能，可进行各种切削加工。

（2）薄片分层叠加成形工艺的缺点

1）由于材料质地原因，加工的原型件抗拉性能和弹性不高。

2）易吸湿膨胀，需进行表面防潮处理。

3）薄壁件、细柱状件的废料剥离比较困难。

4）工件表面有台阶纹，需进行打磨处理。

薄片分层叠加成形工艺的成形材料常用成卷的纸，纸的一面事先涂覆一层热熔胶，偶尔也用塑料薄膜作为成形材料。

对纸材的要求是应具有一定的抗湿性、稳定性、涂胶浸润性和抗拉强度。

热熔胶应保证层与层之间的黏结强度，薄片分层叠加成形工艺中常采用 EVA 热熔胶，它由 EVA 树脂、增黏剂、蜡类和抗氧剂等组成。

3. 薄片分层叠加成形的设备和应用

图 1-15 为分层叠加成形设备图。分层叠加成形设备由激光系统、走纸机构、加热辊以及 X、Y 扫描机构和 Z 轴升降机构等组成，这些组成部分分布在设备的前部和后背部。

薄片分层叠加成形工艺和设备由于成形材料纸张较便宜，运行成本和设备投资较低，故获得了一定的应用，可以用来制作汽车发动机曲轴、连杆、各类箱体、盖板等零部件的原型样件。图 1-16 为薄片分层叠加成形工艺实例。

图 1-15　分层叠加成形设备图

图 1-16　薄片分层叠加成形工艺实例

【任务评价】

1. 3D 打印产品成形工艺有哪些？
2. 熔丝堆积成形（FDM）原理和特点是什么？
3. 光敏树脂液相固化成形（SLA）原理和特点是什么？
4. 选择性激光粉末烧结成形（SLS）原理和特点是什么？
5. 选择性激光粉末熔化成形（SLM）原理和特点是什么？
6. 薄片分层叠加成形（LOM）原理和特点是什么？

【人物风采】

大国工匠——王树军

他是维修工，也是设计师，更像是永不屈服的斗士！临危请命，只为国之重器不能受制于人。

王树军，一个普通维修工，闯进国外高精尖设备维修的禁区，突破技术封锁，大胆改造进口生产线核心部件的设计缺陷，生产出我国自主研发的大功率低能耗发动机，让中国在重型柴油机领域和世界最强者站在了同一条水平线。

王树军从小在潍柴厂区家属院长大，是一名地地道道的潍柴子弟。进潍柴当一名工人，是王树军儿时就种下的梦想。1993 年，从潍柴技校毕业后，王树军如愿进入潍柴老车间维修老式的机床，在他眼中，设备上的每一个零件，都是一个独立的生命，经过重新碰撞组合后，都会产生新的生命与活力。

秉承着兴趣、专注和执着，王树军一门心思钻研业务，不到 10 年的时间，就担任了负责 615 厂 4 个车间维修工作的维修班长。坚守一线的职业生涯中，王树军获得了富民兴鲁劳动奖章、山东省机械行业十大工匠等多项荣誉，潍柴专门为他建立的“王树军工作室”也先后被评为“山东省劳模创新工作室”“全国机械冶金建材系统示范型职工（劳模）创新工作室”。

王树军的每一项革新都是他专注和坚持的风景，每一项创造都是他专业和敬业的凯歌。

他通过苦心钻研和技术革新，突破了一个又一个令外国专家侧目的“中国不可能”。一路走来，王树军用实际行动诠释了“国企工匠”的定义，为广大国企职工树立了正直进取、勤学实干、技能突出的榜样形象。

想一想：读完王树军的事迹，说出你心中的大国工匠是什么样的？结合身边的实例谈谈自己的感受。

任务 1.2　3D 打印产品成形后处理技术

【学习目标】

技能目标：能够了解 3D 打印产品后处理的方法。
知识目标：了解后处理工艺方法。
素养目标：培养按照操作规范使用工具的能力。

【任务描述】

1. 认识并了解常用的 3D 打印产品成形后处理工艺方法。
2. 针对不同 3D 打印成形工艺使用不同的后处理方法。

【任务分析】

要认识并使用后处理常用的方法。

【任务实施】

不用的 3D 打印产品后处理的方法不同，但基本要求大体一致，具体为以下几个方面：

1. 表面粗糙度要求

任何制造方法，如 3D 打印和传统的机械加工方法成形的零件表面都不可能是绝对理想光滑的表面。在打印过程中，3D 打印工艺本身无法消除的台阶效应会使打印件表面留下凸凹不平的痕迹，但对 3D 打印件表面的粗糙度，不同零件和结构，甚至不同部位，都有相应要求，3D 打印件本身不能满足，只有通过打磨、抛光等后处理来达到要求。

2. 强度要求

目前为止，大多数 3D 打印件的强度不够高，需要在成形后通过后处理提高 3D 打印件的强度，如固化、热固化和热处理等。

3. 尺寸精度要求

因为 3D 打印件存在台阶效应，打印件精度通常不是很高，如果精度要求很高，必然要减小成型层厚度，从而导致成形时间延长，效率下降，一般需要在精度和效率间取得平衡。

4. 外观要求

就仅仅做形状和尺寸验证的零件而言，对其外观没有特殊要求，但在某些验证设计等场合，则要求打印件表面的颜色能直接反映最后模型的颜色。3D 打印现在大多只能打印出单色或者双色，虽然现在有多彩打印机，但售价高，且颜色有限，为了满足对外观色彩的要求，还需要着色处理，使打印件呈现定制物品的目标颜色。

不同的3D打印工艺，其打印件的特点并不相同，需要进行的后处理也不同，而打印材料不同，使用的后处理方法也会有所区别。所以需要根据打印件的材料种类和特点，选择需要的后处理工艺和合适的后处理工艺参数。整体后处理工艺的顺序为：分离——去支撑——表面处理——着色——装配。热处理工序因不同的打印工艺，其工艺的顺序也不相同。

任务1.2.1　分离操作

分离是指3D打印产品在打印完成后，将模型从基板上剥离开，以便后续对产品进行处理的操作过程。

FDM和SLA两种成形工艺在进行剥离之前一定要等待几分钟至冷却后才能将模型从打印平台取下，为了防止模型的变形，一般会采用铲刀作为工具进行剥离，在打印模型冷却之后，用铲刀沿着模型的底部四周轻轻撬动，不要只沿着一个方向用力，防止对模型造成损坏。对于模型底部黏结过于牢固的情况，可以再对已经冷却的平台加热，使平台温度升高到45～60℃，用铲刀稍稍用力撬动，模型就可以取下。SLM成形工艺一般采用两种方式分离，一种为传统的钳工工具分离，采用锯、錾子等工具进行手工分离，这种分离方式工艺简单，分离过程中要注意防止零件的变形，尤其是薄壁件；另一种采用线切割机床进行分离，这种分离方式需要额外配备线切割机床，可以直接保证分离部位的精度。

注意：不同3D打印机的打印平台固定模型的方式不尽相同。有的3D打印机平台采取多孔板，打印模型底层和多孔板固定较牢固，需要先将多孔板取下，用美工刀片或铲刀将模型与多孔板的接触部分切断，这样才能将模型取下。如果模型与美纹纸黏结过于紧密，那么可以将美纹纸连着整个模型揭起来，然后从美纹纸的下面撬动，模型取下后再将美纹纸去除会更容易一些。

任务1.2.2　去支撑操作

一般情况下，3D打印模型由两部分组成，一部分是模型本身，另一部分是加工过程中生成的起到支撑作用的支撑材料。去支撑的目的是去除支撑材料以获得真实的模型。

在FDM成形工艺中，绝大部分支撑材料和模型主材料的物理性能相同，只是支撑材料的密度小于主材料的密度，可采用剪刀、镊子、铲刀、剪钳等工具手工直接去除。有的支撑材料采用可水溶性材料，去除支撑可以直接放在水中或使用水枪进行冲洗，如果需要快速去除支撑，可以把水温适度提高。如果支撑材料是蜡，可以用热水或者热蒸汽，使蜡支撑材料熔化。SLA成形工艺中绝大部分支撑材料采用酒精溶解的方式进行去除。SLM则采用的是剪钳等工具直接去除。

不管哪种方式去支撑都要使用裁剪工具，去除靠近模型的支撑。不要直接用手直接去支撑：一方面避免把手划伤，另一方面避免让模型留下坑坑洼洼的洞。

任务1.2.3　日常表面处理操作

1. 表面打磨抛光

表面打磨是借助粗糙度值较高的物体通过摩擦改变材料表面粗糙度的一种加工方法，目的是去除零件毛坯上的各种毛刺、加工纹路（层隙及支撑痕迹）；抛光是指利用柔性抛光工具和磨料颗粒或者其他抛光介质对工件表面进行加工修饰，使工件获得光滑表面、镜面光泽的加工方法，目的是进一步加工使零件表面更光亮平整，产生近似于镜面或光泽的效果。

一般的工艺流程为：粗打磨——半精打磨——精细打磨——抛光，四大部分。

（1）锉刀粗打磨　锉刀可以分为普通锉刀、整形锉和异形锉三种。普通锉刀用于锉削一般的工件，整形锉（又称为什锦锉）适合于工件上细小部位的修整，异形锉用于加工各种工件上的特殊表面。清理锉刀时用钢刷或者牙刷沿着锉刀纹路进行清理。

（2）砂纸打磨　在经过锉刀的粗打磨后，就要使用砂纸进行细加工。砂纸打磨是一种廉价且行之有效的方法，优点是价格便宜，缺点也比较明显，就是打磨精度难以掌握。用砂纸打磨消除纹路速度很快，如果对零件的精度和耐用性有一定要求，则不要过度打磨。

砂纸分为各种目数，目数越大磨料就越细。前期砂纸打磨应采用150~600目的砂纸。

用砂纸打磨也要顺着弧度去磨，要按照一个方向打磨，避免毫无目的地画圈。水砂纸沾上一点水进行打磨时，粉末不会飞扬，而且磨出的表面会比没沾水打磨的表面平滑些。用一个能容下部件的容器装上一定的水，把部件浸放在水下，同时用砂纸打磨。这样不但打磨效果完美，而且还可以延长砂纸的寿命。在没有水的环境下，也可直接使用砂纸进行打磨。

一种实用的打磨方法是把砂纸折个边使用，折的大小完全视需要而定。因为折过的水砂纸强度会增加，而且形成一条锐利的打磨棱线，可用来打磨需要精确控制的转角处、接缝等地方。在整个打磨过程中，会多次用到这种处理方式，通过控制折出水砂纸的大小来限制打磨范围。

（3）电动工具打磨　电动工具打磨速度快，各种磨头和抛光工具较为齐全，对于处理某些精细结构，电动打磨比较方便。

注意：使用电动工具时，要掌握打磨节奏和技巧，提前计算打磨的角度和深度，防止打磨速度过快造成不可逆的损伤。

电动打磨工具如图1-17所示。

2. 表面模型修补

模型修补的目的是修复模型制作过程中出现的刻痕、凹陷、打印纹路或黏结缝隙等缺陷，使模型符合或接近设计技术要求。通常的修复方法有三种：补土法、拼合黏结法、3D打印笔修复法。

（1）补土法　补土法就是类似补腻子的方法，用于填补模型零件之间的裂痕或缝隙，也用来造型、填坑等。主要有以下三种方法：塑胶补土法、塑性补土法和水补土法。

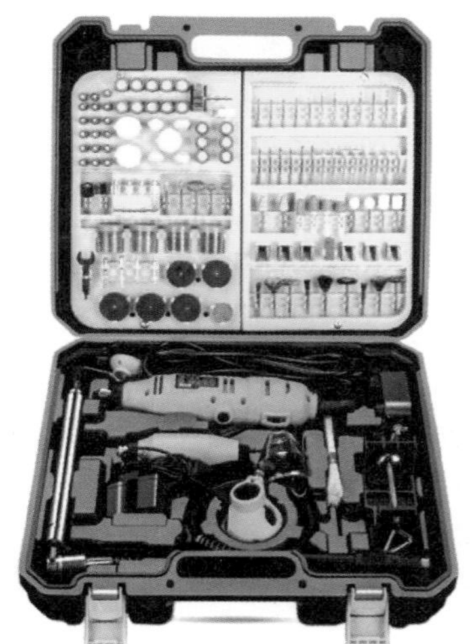

图1-17　电动打磨工具

1）塑胶补土。塑胶补土主要用于填补模型打磨时造成的刮痕、凹坑或填补缝隙。塑胶补土俗称牙膏补土，是一种混合了有机溶剂的补土，其包装和外观与牙膏相似。特点是软、黏，与模型的结合度高，但干燥后会收缩，出现凹陷。最简便的方式是戴手套均匀手涂，也可以黏在毛笔、刮刀或牙签上，抹在零件表面不完美的地方，对于缝隙较深的还要压实补土，防止出现缝隙空心的情况。使用时涂抹适量，过量会造成上面和底面硬化速度不一样，建议干燥24h后再进行整形修正。干燥后用刀去除补土多余的部分，用锉刀和砂纸打磨平整。

2）塑性补土。塑性补土多用于模型塑型、改造和雕刻等作业，可以用美工刀、刻刀等工具去切削，切削要在半硬化的时候进行，不能太用力，以免变形。这种补土方式和泥塑差不多，也可以用来填补模型黏结缝隙。常用的塑性补土有AB补土和保丽补土。

AB补土的全名是环氧树脂补土，是利用两种物质反应硬化的原理，不会产生气泡，不会收缩，并且可以雕刻造型，是改造模型常用的补土，也有人用来填充空隙。与 PS 塑胶、金属、木头能黏合的各种类型的 AB 补土都有，黏合力也有强弱之分。

注意： 补土完毕后要放在密封的地方，不能让 A 树脂与 B 树脂接触，防止补土暴露在空气中变质。

保丽补土与 AB 补土相似，但硬化剂是液体。保丽补土结合了塑胶补土的高黏合力、AB 补土的硬度与能造型的优点。唯一缺点是会有气泡产生，完全硬化后会变得很硬，难以切削，在半硬化时就要进行塑形的工作。

3）水补土。水补土可作为底漆，类似于涂料，一般情况下需要稀释。用喷涂的方法来附着到模型表面上。水补土有修复表面缺陷、统一模型底色和增强涂料的附着力等作用。

水补土就是底漆，类似于涂料，通常是液状，在一般情况下需要稀释，但不能用水或者酒精稀释（否则结成絮状，无法使用），需要专门的稀释剂。一般都使用喷涂的方法来附着到模型表面上，用法和其他油性涂料一样。水补土分为 500 号、1000 号、1200 号等几种，作用是增强其他涂料的附着力防止掉漆和遮盖模型零件的原有颜色防止出现色彩偏差，并检查模型表面的瑕疵。其中第一个作用对油性涂料而言相对较弱，因为油性漆对塑料零件的附着力本来已经很强了。1200 号水补土主要用于民用车辆和飞机的制作。1000 号水补土用于战车或者飞机的制作。500 号水补土颗粒很粗，可以用于制作战车装甲的防滑板等。水补土的统一底色、检查瑕疵等主要功能是其他补土所不具备的。反之，其他补土的填补缝隙、塑型等功能也是水补土所不具备的。

（2）拼合黏结法　拼合黏结法是对分开打印的模型进行拼合黏结工作，从而使其变成一个模型的过程。现有的连接方式有胶黏、结构连接、卡扣连接等，根据不同模型来选择不同的连接方式。

拼合黏结法适用于 3D 打印机不能满足模型尺寸要求的情况，这时会将一个模型分开成几个模型来打印。在后处理模型时如一些细小的部分发生断裂，或者在去除紧密支撑时模型主体破裂，都可以用拼合黏结法进行修复。

（3）3D 打印笔修复法　3D 打印笔和 FDM 成形原理相同。将与打印模型相同的打印材料修补到该打印模型上面。如果打印的模型用的是 PLA 材料，那么打印笔修补用的材料也必须是 PLA 材料，而且材料的颜色要相同。

任务 1.2.4　工业表面处理操作

1. 珠光处理

工业上最常用的后处理工艺就是珠光处理。操作人员手持喷嘴朝着抛光对象高速喷射介质小珠从而达到抛光的效果。介质小珠一般是经过精细研磨的热塑性颗粒。珠光处理的速度比较快，处理过后产品表面光滑，有均匀的亚光效果，可用于大多数 FDM 材料上。它可用于产品开发到制造的各个阶段，从原型设计到生产都能用。

因为珠光处理一般是在密闭的腔室里进行，所以处理的对象有尺寸限制，且整个过程需要用手拿着喷嘴，一次只能处理一个，不能大规模应用。

2. 化学抛光法

化学抛光法可分为擦拭法、搅拌法、浸泡法和抛光机法。

1）擦拭法：用可溶解 PLA 或 ABS 的不同溶剂擦拭打磨。

2）搅拌法：把模型放在装有溶剂的器皿里搅拌。

3）浸泡法：将模型放入盛有抛光溶剂的杯子或者其他器具浸泡 1~2min 后，模型表面的纹路变得非常光滑。

注意：避光操作和防护，有的抛光溶剂会产生毒性气体。

4）抛光机法：将模型放置在抛光机里面，用化学溶剂将模型浸泡特定的时间，模型表面会比较光滑，如用丙酮来抛光打印产品，但丙酮易燃，且很不环保。

3. 熏蒸法

（1）蒸汽平滑　将3D打印件放入一个可密封的蒸汽室内，蒸汽室内部含有加热可挥发的溶剂的蒸汽，加热处理一段时间后，再将3D打印件从蒸汽室内取出进行烘干处理，即完成了蒸汽平滑处理。

该技术的主体部分是让蒸汽在零件表面凝结并熔化零件表面，消除台阶效应，使零件表面更平坦。

（2）丙酮蒸汽熏蒸　丙酮蒸汽熏蒸是利用丙酮对材料的溶解性，通过加热使丙酮蒸发，蒸发的丙酮蒸汽凝结到零件表面上，使表面材料逐渐溶解、流淌，零件表面变得平滑。对ABS制品熏蒸一定时间，可使ABS制品表面粗糙度得到改善。

丙酮蒸汽熏蒸的使用要求：丙酮的沸点大约为56℃，只要简单加热即可沸腾产生蒸汽，但不可过度加热。过高的温度会使丙酮浓度过高，当它在空气中的浓度超过11%时，就会有爆炸的危险。同时，过度吸入丙酮对人体有害，故在熏蒸过程中要求环境通风情况良好，避免爆炸和对人体产生危害。若有防毒措施，操作人员可做好防毒准备。

此方法成本低廉，处理简单。由于丙酮蒸汽只对ABS材料的3D打印件有效，且熏蒸时对零件精度控制较差，因此只在3D打印ABS材料制品的后处理中，通常会使用丙酮蒸汽熏蒸。

任务1.2.5　模型上色操作

模型上色的目的是让模型颜色丰富多彩，可以将模型变得生动和富有层次感，从而提高工件的外观质量。按照上色原理可以分为涂料上色法、着色剂上色法、电镀着色法、化学显色法、氧化上色法。

1. 涂料上色法

涂料上色有两种方法，一种是手刷上色，另一种是喷涂上色。手刷上色是在模型经过打磨抛光后，用刷子手工上色。这种方法能体现细节，在模型细节颜色都基本处理到位之后，等待颜料经风干之后，再用光油进行最后的处理，喷上光油的零件更加透亮美观，也更好保存。

喷涂上色常用的工具有喷笔与喷灌，其原理一样，都是将涂料喷成气雾状沉积在零件表面，并使表面涂层光洁、无上色痕迹。而手刷上色，要做到无痕迹很难。喷笔涂装与喷灌涂装两者在喷涂面积、涂料浓度、油漆的选用上有一定的区别，要根据设备的使用要求进行选择和操作。

2. 着色剂上色法

着色剂是能改变物体的颜色，或者能将本土无色的物体染上颜色的物质。着色剂可分为染料和颜料两大类，其中颜料又分为无机颜料和有机颜料。

可用于塑料打印件的着色剂品种很多，对于每一种不同树脂而言，适于其着色的着色剂品种各有不同。对于一个特定的塑料制品，选择合适的着色剂主要从以下几个方面考虑：

（1）耐热性　耐热性的顺序是无机颜料强于有机颜料。

（2）耐光性　着色剂的耐光性要求一般要达到八级。

（3）合理选用着色剂拼色　因不同着色剂之间有互相作用，故不同品种着色剂的数量应尽量少。

（4）塑料本身的影响　注意塑料本身颜色对上色的影响，防止着色剂与塑料反应。

3. 电镀着色法

电镀着色通常用于银、不锈钢、铜等金属材料制成的3D打印件着色。金属电镀后获得的化合物及该化合物的颜色也不同。

4. 化学显色法

化学显色法是利用溶液与金属表面产生的化学反应，生成氧化物、碳化物、硫化物来改变表面颜色，如铜使用氢氧化钠变黑，使用硫化钾变古铜色，铝使用硫酸变成金绿色或浅黄色等。

5. 氧化上色法

使用一定的方法，让金属的表面形成具有适当结构和色彩的氧化膜后，对氧化膜进行染色处理，形成多彩的膜层，这种上色方法称为氧化着色法。一般通过热处理或电解处理形成氧化膜。

按照操作方法可以分为自喷漆法、手工涂绘法、喷笔喷漆法。

（1）自喷漆法　一般用白色作为底漆，使面漆喷在白色底面上，颜色更加纯正。使用喷漆之前，将自喷漆瓶内的漆摇晃均匀，在报纸上面试喷，然后对准欲喷漆的地方反复喷涂，按从浅入深、有渐进的方式喷。一般距离物体20cm左右，喷出速度是30~60cm/s，速度一定要均匀，慢了会喷漆太多太浓，使模型表面产生留挂。为避免喷漆不匀，可将打印的模型固定在转台上，方便旋转。没有转台，也可以用装水的塑料瓶来替代。

（2）手工涂绘法　手工涂绘法是指使用笔直接上色。在涂装颜料的过程中，要选用大小适合的笔来进行涂装，直接购买常用的水粉笔即可。

1）稀释。为了使颜料更流畅、涂装色彩更均匀，可以使用吸管滴入一些同品牌的溶剂在涂料皿里进行稀释。使用普通丙烯颜料更加方便，可以用干净的水来稀释。稀释时，根据涂料干燥情况配合不同量的稀释液。让笔尖自然充分地吸收颜料，并在调色皿的边缘刮去多余颜料，调节笔刷上的含漆量。

2）涂绘方法。手工涂漆时平头笔刷在移动时应朝扁平的一面刷动，下笔时由左至右保持手的稳定，且以均匀的力道移动，笔刷和表面的角度约为70°，轻轻地涂刷，动作越轻笔痕会越不明显。只有画笔保持湿润的状态，含漆量保持最佳湿度，才能留下最均匀的笔迹。如动作不标准可能会导致笔刷痕迹难看，并且使油漆的厚度不均匀，使整个模型表面看起来斑驳不平。

3）消除笔痕。涂料干燥时间的长短也是决定涂装效果好坏的因素之一。一般要等第一层还未完全干透的情况下再涂上第二层油漆，这样才能消除笔触痕迹。第二层的笔刷方向和第一层的笔刷方向互相垂直，称为交叉涂法，以“井”字来回平涂两到三遍，使模型表面笔纹减淡，色彩均匀饱满。

（3）喷笔喷漆法

1）喷笔。喷笔是使用压缩空气将模型漆喷出的一种工具。利用喷笔来对打印模型上色可节省大量的时间，涂料也能均匀地涂在模型表面上，还能喷出漂亮的迷彩及旧化效果。一般使用双动喷笔。

2）试喷。通常要在喷涂模型前先进行试喷，这是操作喷笔时的重要步骤。试喷是用来测试喷笔的操作有无问题、油漆的浓度是否符合需求、喷出的效果是否满意等。可以利用报废的模型、硬纸板之类来进行测试。首先将油漆旋钮转至完全关紧，然后右手先按下扳机喷出压缩空气，再以左手慢慢地转动旋钮，这时会看到油漆随着转动的进行而喷出。油漆喷出后即可检视喷出的效果，视需要再进一步调整，如浓度和与模型表面的喷漆距离等。

3）喷涂。控制按下扳机的力度大小可改变出气量的强弱，而往后拉动扳机的距离大小决定喷出油漆的量。可以先喷出圆点，从点到线，再从线到面，由浅入深，再到连续喷出线条的过程，从而得到比较完美的线条。

任务 1.2.6　改变产品性能的处理

1. 固化处理

对于 SLA 制出的打印件，后处理主要包括静置固化和强制固化，即将打印的模型静置一段时间，使得没有完全固化的黏结剂之间通过交联反应、分子间作用力等作用固化完全。可根据不同类别用外加措施进一步强化作用力，例如通过加热、紫外光照射、真空干燥等方式。

（1）静置固化　把 SLA 成形好的零件取出，放置在工作台上，让其内部的分子进一步发生固化反应。这种方法一般需要比较长的时间，但不需要任何设备。

（2）强制固化　强制固化就是在外界条件的作用下，加速分子间的固化反应，使其在比较短的时间内就完成固化。加热固化是把成形件放入加热箱中，加热到预定的温度，保温一定时间，取出即可。

① 紫外固化是在紫外光箱中进行的，箱中有紫外光发生器，放入成形件，接通紫外光发生器，让紫外光照射零件。这种方法比较常用，固化速度快，质量好。

② 真空干燥是将成形件放入有一定真空度的真空箱中，放置一定时间后取出即可。

2. 热处理

金属打印件在打印完成后需要进行热处理工艺，热处理的特点是不改变金属零件的外形尺寸，只改变材料内部的组织与零件的性能。所以钢的热处理的目的是消除材料的组织结构上的某些缺陷，更重要的是改善和提高钢的性能，充分发挥钢的性能潜力，这对提高产品质量和延长使用寿命有重要的意义。热处理工艺常用于模具钢固溶时效，模具钢气氛保护退火，铝合金退火，齿科钴铬合金退火，不锈钢、高温合金气氛保护退火。

由 3D 打印模型后处理的过程可以看出，后处理工序可以往复使用，也可以交替进行，使模型后处理变得更美。

【任务评价】

1. 分离的目的是什么？
2. 表面打磨抛光的目的是什么？
3. 表面模型修补的方法有哪些？
4. 化学抛光有哪些方法？
5. 模型上色有哪些方法？
6. 热处理的目的是什么？

【人物风采】

大国工匠——高凤林

突破极限精度，将“龙的轨迹”划入太空；破解 20 载难题，让中国繁星映亮苍穹。焊花闪烁，岁月寒暑，为火箭铸“心”，为民族筑梦。

高凤林，中国航天科技集团有限公司第一研究院首席技能专家。一个焊点的宽度仅为 0.16mm、完成焊接允许的时间误差不超过 0.1s、管壁厚度仅为 0.33mm，要满足这样“严苛”的标准，要求焊工必须有精湛的技术。高凤林，代表着焊接最高水平的一名焊工，能够完美地完成焊接。

高凤林是中国千千万万个焊工中的一员，是一位普通的焊接工人，但他做的事可不普通，他可是改变了中国航天的进程，被丁肇中钦点为国际特派专家，堪称技工之王的焊工。高凤林热爱航天、勤奋实践、刻苦钻研，三十多年来，一直奋战在航天制造的第一线，经他手的共有130多枚火箭成功飞向太空。

学技术，高凤林从不惜力。自进入211厂发动机焊接车间成为一名氩弧焊工起，高凤林就开始了刻苦的训练：吃饭时拿筷子练送丝，喝水时端着盛满水的杯子练稳定性，休息时举着铁块练耐力，时常冒着高温观察铁水的流动规律，并练就了“如果焊接需要，可以10分钟不眨眼”的绝活儿。汗水与时间，将高凤林打磨成名副其实的“金手天焊”。

他靠的是基层焊接工人的手艺，但却做着不一样的工作，他给火箭发动机焊接，并且是这群技工人员中的佼佼者，现在已经是中国航天科技集团公司一院首都航天机械公司班组组长，在焊接技术方面有着超人的独特技能，是理论和实践相结合的践行者，所以他常常出现在最高级别的技术分析会上，参与制订高级别焊接质量标准也就不足为奇了。

高凤林参与过一系列航天重大工程，焊接过的火箭发动机占我国火箭发动机总数的近四成。攻克了长征五号的技术难题，为北斗导航、嫦娥探月、载人航天等国家重点工程的顺利实施以及长征五号新一代运载火箭的研制做出了突出贡献。

想一想：读完大国工匠高凤林的事迹后，谈谈你对“宝剑锋从磨砺出”的理解，高凤林的专注和磨砺给你今后的学习和生活带来哪些影响？

项目2　FDM打印产品后处理

【思维导图】

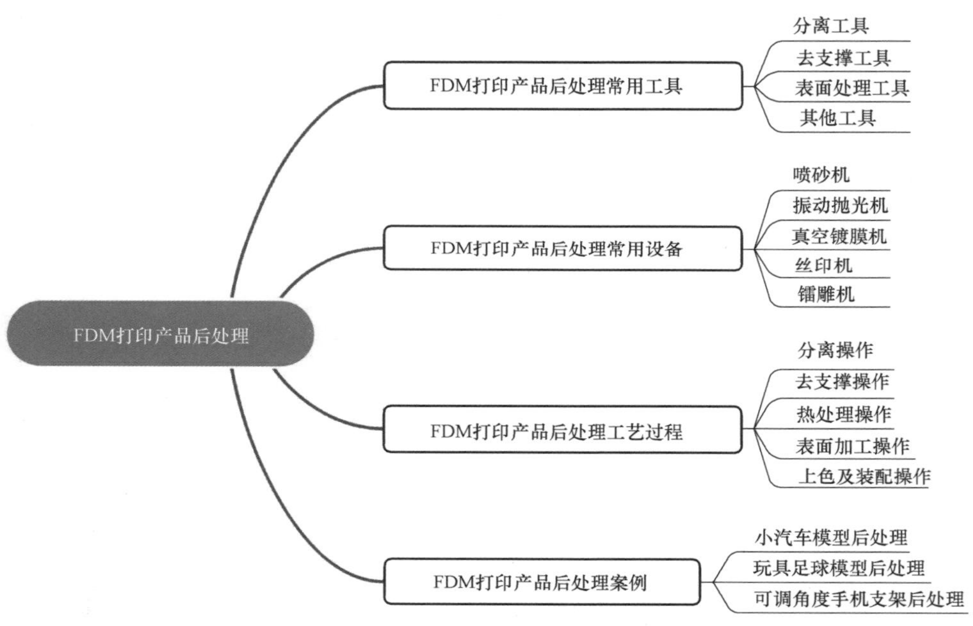

任务2.1　FDM打印产品后处理常用工具

【学习目标】

技能目标： 能够正确使用工具对FDM打印产品进行后处理。
知识目标： 了解后处理工具的功能及种类。
素养目标： 培养按照操作规范使用工具的能力。

【任务描述】

认识并使用后处理常用工具，如平面铲刀、斜嘴钳、整形锉、砂纸等。

【任务分析】

要认识并使用后处理常用工具，需要掌握工具的功能、种类及操作方法。

【任务实施】

任务 2.1.1 分离工具

金属平面铲刀用于取件，由刀身与刀柄两部分组成，如图 2-1 所示。刀身为不锈钢材料，长度一般分为 2in、3in、4in 及 5in[㊀]；刀柄有橡胶柄和木柄两种。

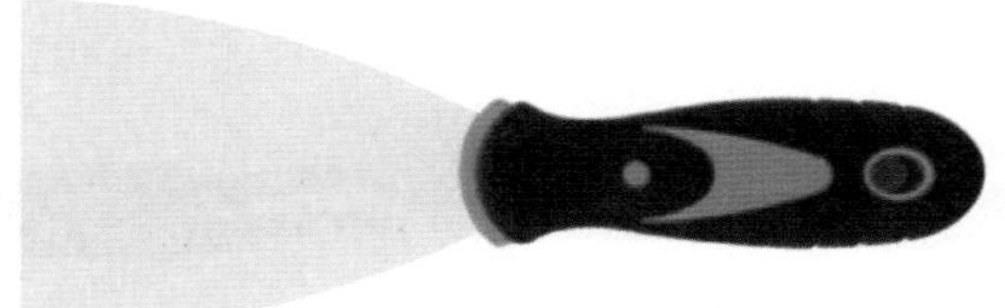

图 2-1 金属平面铲刀

使用方法：取件时用不锈钢平面铲刀（切削刃朝上）的一个角伸入模型与平台之间，使模型与平台出现分离缝隙，铲刀沿着模型的周边铲入，直到模型与平台完全分离。

注意：避免铲伤打印机平台；切削刃比较锋利，避免由于操作不当对人体造成伤害。

任务 2.1.2 去支撑工具

1. 斜嘴钳

斜嘴钳用于去除模型支撑，钳头材料为碳钢淬火处理，钳身带塑胶绝缘柄，如图 2-2 所示。

使用方法：使用钳子时常用右手操作，将钳口朝内侧，便于控制钳切部位，小指伸在两钳柄中间来抵住钳柄，张开钳头，这样分开钳柄时更灵活。

图 2-2 斜嘴钳

注意：

1）对照数模分清模型部分和支撑部分，避免对模型部分进行剪切。

2）不能用来剪切钢丝、钢丝绳和过粗的铜导线和铁丝，否则容易导致钳子崩牙和损坏。

2. 刻刀

刻刀用于去除模型支撑及修整模型毛边，由刀身与刀片两部分组成，如图 2-3 所示。刀片为弹簧钢材料，有多种形状，可以根据模型结构特点进行更换，如图 2-4 所示。使用方法如下：

图 2-3 刻刀结构

㊀ 1in = 2.54cm

1）双眼距刀锋约 30cm 作业，保持正确的坐姿则不易疲劳，还能够保护视力。

2）握刀正确。要让手加在刀上的力在刀杆上成一条直线，不能让刀锋有一点弯曲，如果施力的方向和刀锋的自然方向有偏差，则容易折断刀尖。

3）手指控制刻刀随模型转动。

注意：用力均匀，避免对人体及模型造成伤害。

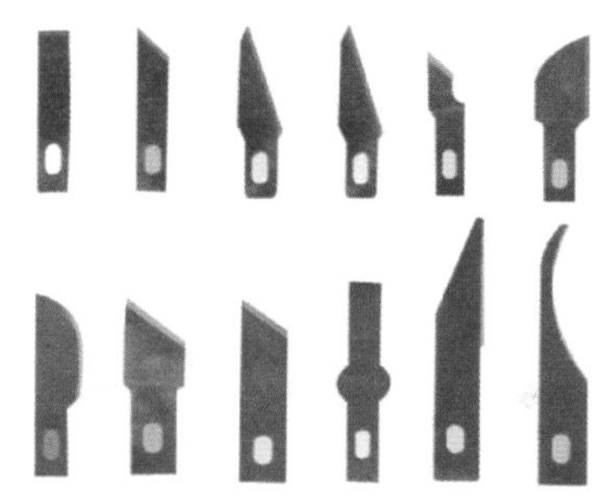

图 2-4　刀片形状

3. 镊子

镊子是用于夹取模型上细刺及其他细小部分的工具。常用的有直头、弯头镊子，如图 2-5 所示。

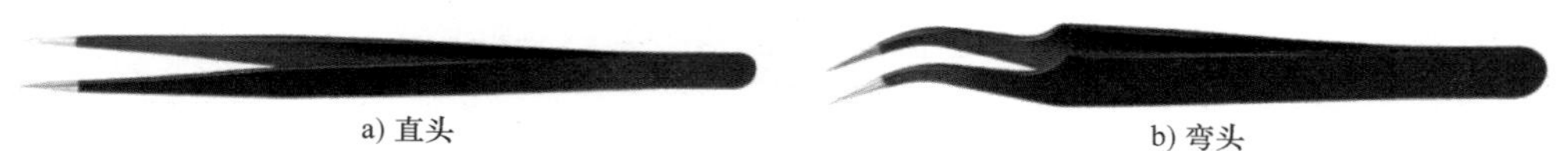

a) 直头　　b) 弯头

图 2-5　镊子

使用方法：用大拇指和食指夹住镊子，使镊子后柄位于掌心，有时需要加上中指进行配合。

注意：用力均匀，以避免手产生抖动。

任务 2.1.3　表面处理工具

1. 整形锉

整形锉（见任务 1.2.3）按其断面形状分为扁锉、方锉、三角锉、圆锉、半圆锉等，如图 2-6 所示。使用方法如下：

图 2-6　整形锉

1）尺寸较大的模型，通常需要将模型固定，操作者右手握锉刀柄，左手握锉刀前部，对模型表面进行处理。

2）尺寸较小模型，可以一只手固定模型，另一只手握锉刀，对模型表面进行处理。

注意：锉刀要避免沾水、沾油或其他脏物；使用整形锉时用力不宜过大，以免折断。

2. 砂纸

砂纸（见任务 1.2.3）如图 2-7 所示，用以打磨模型表面，以使其光洁平滑，达到相应的技术要求。常用的砂纸（图 2-7）是 120~2000 目，精细打磨砂纸是 800~3000 目。

图 2-7　砂纸

使用方法：使模型表面与砂纸接触，施加适当压力，用砂纸打磨模型表面。

注意：

1）使用砂纸打磨模型表面时，一般从粗目到细目进行使用。

2）需要沿同一个方向来回打磨，这样可以使模型表面更光滑。

3）砂纸目数越高，打磨的模型表面越光滑，但打磨速度也越慢。

3. 电动打磨机

电动打磨机（见任务 1.2.3）如图 2-8 所示。选择不同形状和型号的打磨头，可以在相应加工面上进行打磨、抛光、雕刻、钻孔、修磨、去毛刺等作业。因其重量轻、体积小、头部跳动小（可以达到 0.02mm 内），使用者操作起来非常方便。与常规打磨工具比较，电动打磨机的打磨效率可以提高 5~10 倍。

图 2-8　手持式电动打磨机及打磨头

使用方法：使用时根据模型的结构特点，选择不同形状的打磨头。

注意：打磨速度和打磨量要适当，否则容易损伤模型表面。薄壁件不适合使用电动工具打磨。

4. 酒精灯、打火机

酒清灯和打火机用于处理模型毛刺或拉丝现象，如图 2-9 所示。

a) 酒精灯　　b) 打火机

图 2-9　酒精灯和打火机

使用方法：模型打印后用打火机或酒精灯迅速掠过模型表面燎一下，用这种简便易行的方法处理毛刺或表面拉丝。

注意： 速度一定要快，防止烧坏模型。

5. 补土

补土方法主要有三种（见任务 1.2.3）：塑胶补土（图 2-10），塑性补土（图 2-11），水补土（图 2-12）。

图 2-10　塑胶补土

图 2-11　塑性补土

图 2-12　水补土

6. 胶水

常用的胶水包括焊接剂、502 胶、AB 胶、软性胶等，如图 2-13 所示。

a) 焊接剂

b) 502胶

c) AB胶

d) 软性胶

图 2-13　胶水

使用方法：当模型和打印平台接触角度不好，或支撑过多，可利用软件将模型切开，分成几部分进行打印，打印完成后利用胶水进行黏结。在对模型后处理时，如模型损坏，也需要进行黏结处理。

注意：涂抹过程中，胶水使用要均匀，避免模型黏结错位或将手黏住。

7. 抛光液

利用化学抛光液让材料在化学介质中表面微观凸出的部分和凹陷部分优先溶解，从而得到平滑表面，如图 2-14 所示。

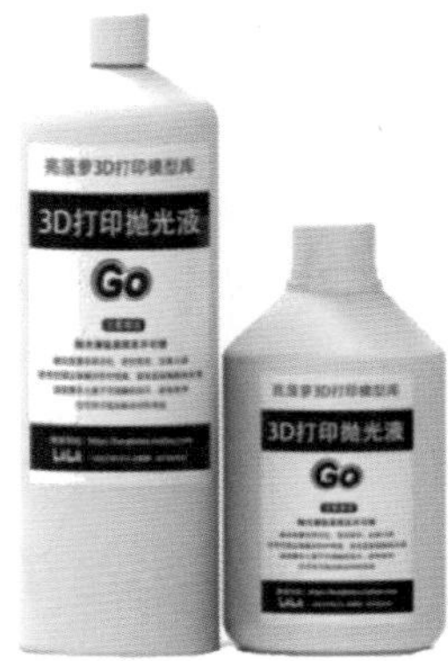

图 2-14　抛光液

使用方法：将模型放入装有抛光液的容器中浸泡，待模型表面光滑后，取出自然风干即可。

注意：

1）不同品牌的 PLA，反应的时长不一样，具体时长需要根据测试确定。

2）使用过程中，不要追求一步到位，如初次抛光效果不明显，可以晾干模型后进行再次抛光，用少量多次的方法抛光，避免掌握不好时间而导致模型损坏。

3）对于细节很多且不太明显的模型，谨慎抛光，因为模型在抛光的时候，很可能会溶解掉一些细节部分。

4）对于薄壁类模型，抛光时可以采取少量涂抹或少量喷洒的形式，遵循少量多次的原则，抛光后需要放到平面上晾干，以免模型软化变形。

8. 自喷漆

自喷漆（见任务 1. 2. 5）通常由气雾罐、气雾阀、内容物（油漆）、抛射剂和装入气雾罐内起到搅拌作用的搅拌球组成。自喷漆是把油漆通过特殊方法处理后高压灌装，方便喷漆的一种油漆，如图 2-15 所示。

图 2-15　自喷漆

自喷漆的特点是手摇自喷，方便环保，不含甲醛，干燥快，气味小，会很快消散，节约时间，可以轻松遮盖住打印模型的底色。

（1）分类

1）按气雾漆中主要成膜物质，自喷漆可分为硝基类气雾漆、醇酸类气雾漆、热塑性丙烯酸气雾漆等几大类。

2）按成膜效果，自喷漆可分为普通喷漆、金属闪光喷漆、荧光喷漆、超能金属色喷漆、镀铬喷漆、镀金喷漆、锤纹喷漆、耐高温喷漆等。

3）按状态，自喷漆可分为水性漆和油性漆。水性漆就是以水作为稀释剂的一种涂料，无毒无味，不会危害人体健康，是一种环保漆。

（2）颜色　自喷漆颜色大多数都是根据用户的需求去配置的，市场上的自喷漆颜色非常丰富，有黑白系列、灰色系列、黄色系列、绿色系列、蓝色系列、红色系列、荧光系列、金属闪光和光油系列等。

（3）使用方法　喷漆前要反复摇动罐体，以便充分搅拌。每次喷薄薄一层，几分钟后再喷，反复数次。尽量一气呵成，要扫射，少用点射。最后将模型放置于阴凉处。

注意：

1）保持20cm左右距离使用，距离过近容易形成气泡和堆积，距离过远则喷射面积过大，造成浪费。

2）注意风速，风力2级（含2级）以上不适合使用自喷漆。

3）注意防尘，灰尘和小昆虫会影响喷漆效果。

4）注意温度和湿度，防止暴晒，避免在过湿、过于干燥的环境使用。

9. 马克笔

利用马克笔直接对模型手绘上色，如图2-16所示。使用该方法操作简单，成本低，但效果较差且颜色单一。

使用方法：使用方法类似于修正液，直接涂在模型需要上色的部分即可。

注意：该方法适用于一些上色面积不大的小模型，对一些结构特征如沟壑、挂角、凸起棱边等，有较好的效果。但如果同一色的上色面积较大，容易产生笔痕，而且成本会增加。

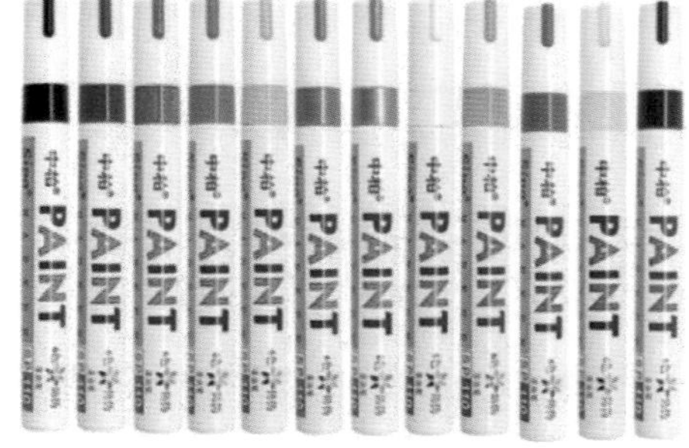

图2-16　马克笔

10. 喷笔

喷笔（见任务1.2.5）如图2-17所示。喷笔上色可以节省大量的时间，涂料也能均匀地涂在模型表面上。但喷笔成本高，上手较难。使用方法如下：

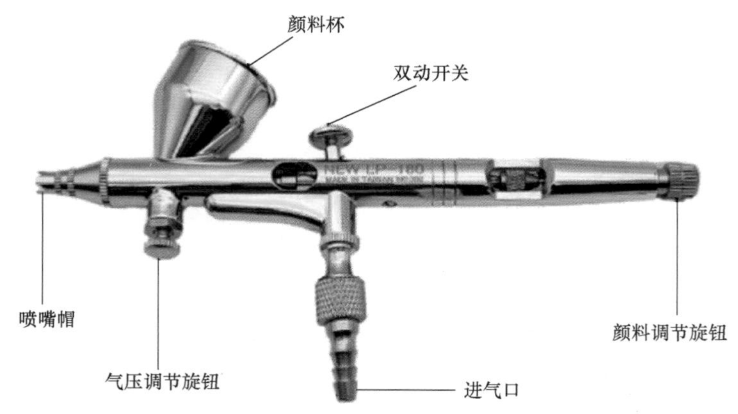

图2-17　喷笔

1）喷笔的涂料是依靠重力来传输的，所以喷笔的喷嘴应始终朝下，同时保证杯里的涂料不会向喷笔的后面倒灌，清洗喷笔就变得很容易。否则涂料倒灌，干了的涂料会黏住喷笔的顶针，不仅不方便清洗，而且会影响喷笔的使用。

2）正确使用喷笔的方法是：食指向下按着按钮，此时喷笔就会喷出气流，然后轻轻向后拉，就会有涂料喷出，对着想要喷涂的地方喷出即可。

注意：

1）气压大小通过食指向下按的力量来控制。

2）出漆量的大小是通过食指后拉的幅度来控制的。喷笔后面有一个螺钉（外调喷笔螺钉在外面，内调喷笔螺钉在里面），是用来确定顶针的极限位置的，也就是最大的出漆量。

11. 丙烯颜料

丙烯颜料是一种绘画颜料，如图 2-18 所示。其最大的优势是可以通过混合颜料调出多种颜色。同时，丙烯颜料附着力强，不会轻易脱落，具有价格低、使用简单、速干、防水、颜色艳丽等特点。

图 2-18　丙烯颜料

可以用稀释剂或水进行调和，调节颜料的黏稠度，以颜料蘸在上色笔上不会滴落为准。用自喷漆上底色后，可以用上色笔使用丙烯颜料在模型表面描绘一些细节。在用丙烯颜料上色的过程中，遵从由大面积到小面积的规则。丙烯颜料存在的一个普遍的问题是笔痕非常重，且颜料分布不均匀。

注意：丙烯颜料干后不易溶解于水，所以工作时要穿工作服，避免弄脏衣物。

12. 上色笔

模型常用的上色笔根据形状和材质不同可以分成两大类。

（1）按照形状分类　一般分为平笔、细笔和面相笔三种，如图 2-19 所示。平笔用来涂刷面积较大的部分；细笔最适宜点画或描绘精致的效果线和局部的阴影；面相笔用于模型比较精巧的部分，如涂刷人物脸部等细节。

（2）按照材质分类　一般有兽毛笔和尼龙笔两种。兽毛笔有白色、茶褐色等不同类型，兽毛笔笔毛纤细，柔韧性强，颜料吸收度高，涂色时颜料的流动性好；尼龙笔是用极细的尼龙纤维做成的笔，笔头呈半透明的茶色，很容易识别，弹性强，耐摩擦，对颜料的吸收力较差，笔头使用后较易清洗，比较适

a) 平笔　b) 细笔　c) 面相笔

图 2-19　上色笔

合水性涂料。

任务2.1.4 其他工具

1. 3D 打印笔

利用 3D 打印笔来填补一些大的缝隙或者断裂的地方，如图 2-20 所示。3D 打印笔的原理与桌面级 FDM 打印机原理相同，都是热熔原理。

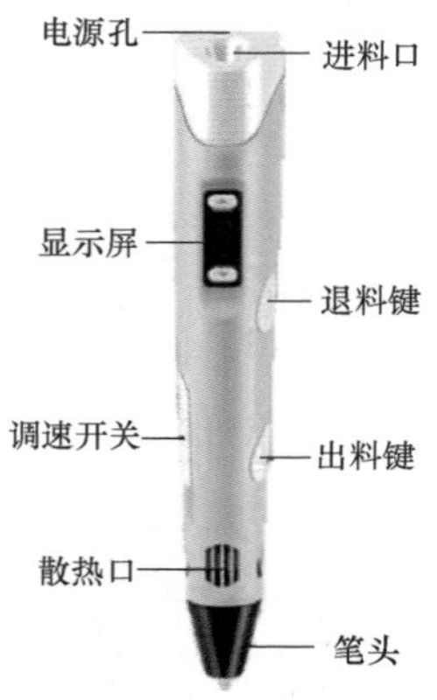

图 2-20 3D 打印笔

使用时注意控制 3D 打印笔移动的速度，同时要选取与打印模型相同的材料，如模型采用 PLA 材料，那么要用 PLA 材料进行修补。还要注意不能挤出太多的材料，否则易造成模型表面更多的不平整。

注意： 每次使用后都需要退出耗材，防止耗材堵塞 3D 打印笔；如果 3D 打印笔电量不足，在操作过程中会自动关机。

2. 台虎钳

台虎钳是一种通用夹具，常用于夹持、固定小型工件，如图 2-21 所示。3D 打印模型在后处理过程中经常利用台虎钳装夹。

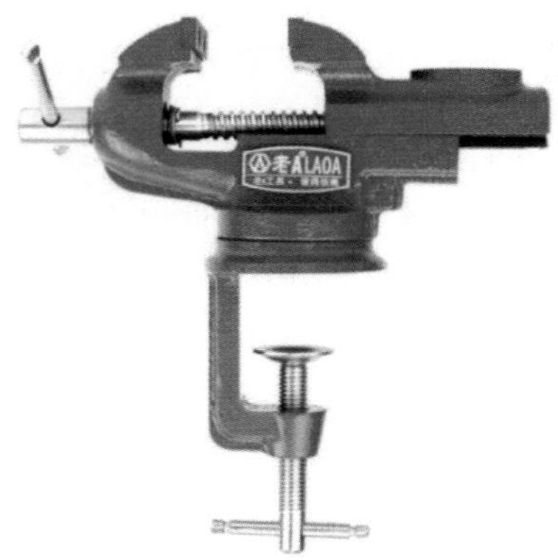

图 2-21 台虎钳

通过旋转台虎钳手柄将模型固定。

注意：夹紧力不要过大，使用软钳口，避免将模型损坏或夹伤。

【任务评价】

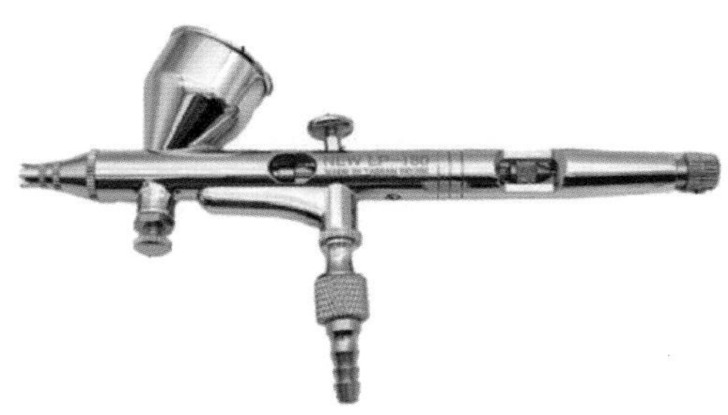

名称________________

用途________________

名称________________

用途________________

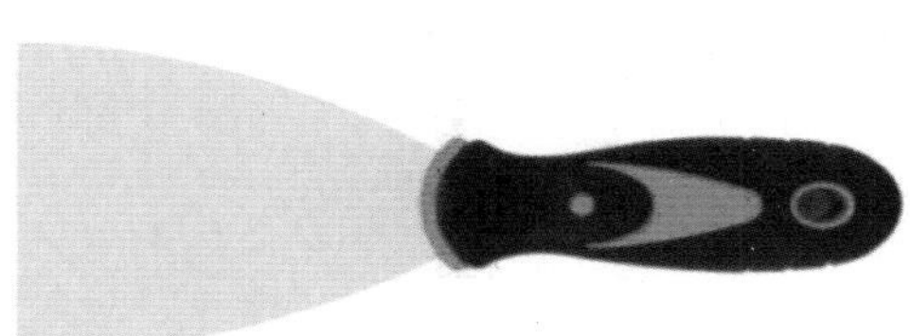

名称________________

用途________________

名称________________

用途________________

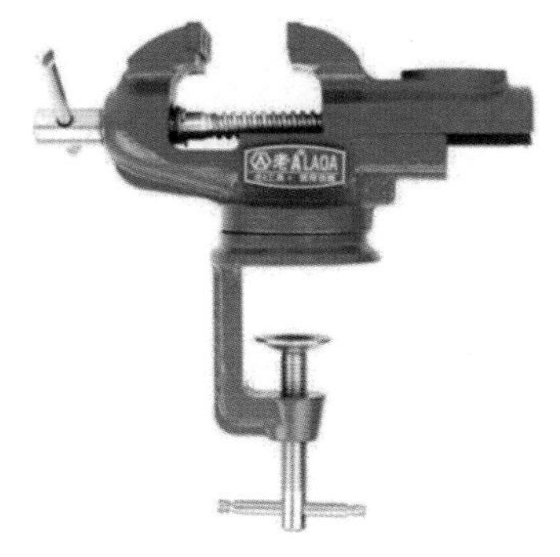

名称________________

用途________________

名称________________

用途________________

【人物风采】

大国工匠——乔素凯

与核共舞26年，连续56000步操作“零失误”。

乔素凯，中共党员，中国广核集团运营公司大修中心核燃料服务分部工程师、核燃料修复师。全国技术能手、中央企业劳动模范、中国广核集团“优秀党员”，中国广核集团首届“中广核工匠”。

头戴白色帽子，身穿一套白色工作服，戴上白手套、面罩，穿上标记有数字46的白色厚底鞋，乔素凯走进核电站的最深处。那里有一个蔚蓝水池，美丽的水面下是令人闻之色变的核燃料。100多组核燃料组件，每隔18个月就需换料大修，1/3的核燃料要被置换，同时要对有缺陷的核燃料组件进行修复，稍有差错就会失败。

修复全部在水下进行，400多道工序，其中有200多道是不允许失败的关键点操作。戴着防辐射的碘面罩，修复的工具是一根4m的长杆，就是用这样的工具来完成水下一系列的操作。乔素凯能做到用这样的工具来完成精确值为3.7mm的操作。据说这相当于用抓大象的工具去抓蚂蚁。26年，他带领团队创造了连续56000步操作零失误的记录。

“人可以不够机灵，但一定要积极，不能放弃，做得不理想不要一蹶不振，而是总结经验从头再来。”这就是小山村走出的“大国工匠”乔素凯坚持了20多年的准则。

当年仅仅是起重机185t主钩跟钩稳钩的动作，他便苦练了好几个月。他从没怕过吃苦，每次疲惫都咬牙坚持，无论什么技能考核，他都用百倍付出一次通过。1993年，乔素凯开始从事核燃料操作工作。如今的乔素凯在核电站核燃料这个领域已经工作了26年，他以“追求极致，精益求精”的精神带领团队为国内20台核电机组完成了100多次核燃料装卸任务。2018年初，他再次完成了一项难度提高百倍的挑战，历经10年研发的核燃料组件整体修复设备一次实验成功，打破了国外的长期垄断，成本降低了70%。

乔素凯是我国第一代核燃料师，与核燃料打了26年交道。全国一半以上核电机组的核燃料都由他和他的团队来操作，他的团队是国内唯一能对破损核燃料进行水下修复的。26年来，乔素凯核燃料操作保持零失误。这些年，他主持参与的项目获得了19项国家发明专利。

迄今为止，乔素凯所在团队共为国内22台核电机组完成了100多次核燃料装卸任务，创造了连续56000步操作“零”失误的纪录，实现了燃料操作“零”失误及换料设备“零”缺陷，堪称守护核安全的典范。

想一想：读完大国工匠乔素凯的事迹，谈谈你对成功的理解。

任务2.2　FDM打印产品后处理常用设备

【学习目标】

技能目标：能够正确使用设备对FDM打印产品进行后处理。

知识目标：了解后处理设备的功能及种类。

素养目标：培养按照操作规范使用工具、设备的能力。

【任务描述】

认识并使用后处理常用设备，如喷砂机、振动抛光机等设备。

【任务分析】

要认识并使用后处理常用设备，需要了解设备的组成、工作原理、特点及应用。

【任务实施】

任务 2.2.1　喷　砂　机

3D 打印模型可以用喷砂来处理。处理速度非常快，几分钟就能处理很大的表面积。但喷砂需要密封的工作空间，否则乱飞的颗粒、粉尘对人体会造成伤害，如图 2-22 所示。

1. 喷砂机的工作原理

喷砂机是以磨料为工作介质，以压缩空气为动力，将磨料引射到喷枪内加速后喷射到工件表面，达到预期的喷砂加工目的，如图 2-23 所示。

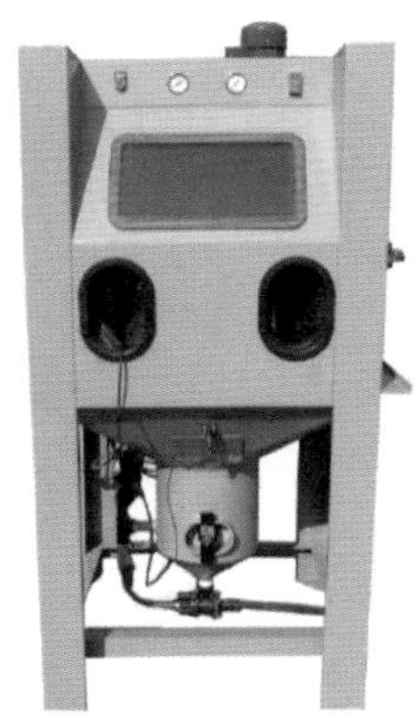

图 2-22　喷砂机

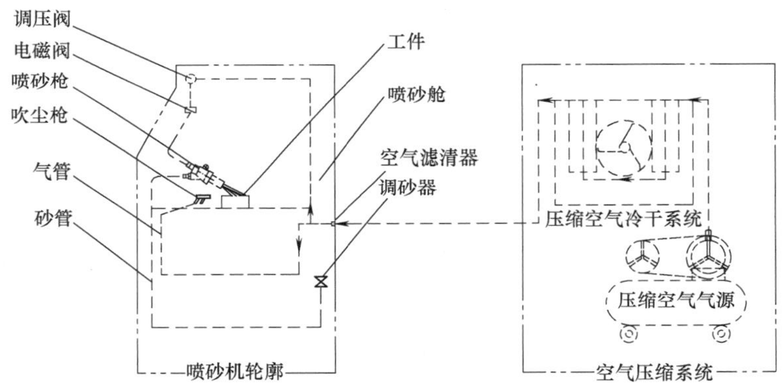

图 2-23　喷砂机的工作原理图

2. 喷砂机的特点

1）喷砂机配备的手动式除尘器，需要定时清灰，方可保证除尘机组的功效，能够更有效地控制粉尘对环境的污染和对工人健康的危害。

2）喷砂机可直接安装在生产线上使用，既节省空间，又提高了效率。

3）操作方式灵活，工艺参数可变，能适应不同材质、不同精度的清理和光饰加工要求。

4）磨料循环使用，消耗量小。

5）主要零部件使用寿命长，且便于维修。

6）工作条件比较舒适，机器噪声较小。

3. 喷砂机的应用

1）适用于干式喷砂（丸）加工。

2）适用于中小型零件的单件、小批量喷砂（丸）加工。

3）清理热处理件、焊接件、铸件、锻件等表面的氧化皮等，清理质量可以达到 Sa3 级。

4）清理机加工件的微毛刺、表面残留物等。

5）工件喷涂、电镀前的表面预处理加工，可获得活性表面，提高喷涂、电镀层的附着力。

6）玻璃表面喷绘、雕刻。

7）可以在一定范围内增加或减小工件的表面粗糙度 *Ra* 值。

8）改变工件表面的应力状态，能提高零件的耐磨性和疲劳强度。

9）改善运动配合偶件的润滑条件，能降低运动配合偶件的运动噪声等。

10）也适用于旧机件的翻新处理。

4. 喷砂机的设备组成

喷砂机主要由喷枪、吹尘气枪、分离器、除尘器等部分组成。环保喷砂机 JCK-9060L 设备组成如图 2-24 所示。该设备外形尺寸（长×宽×高）为 1235mm×900mm×1670mm，加工工件最大外形尺寸为 800mm×400mm×400mm，整个设备重达 300kg。

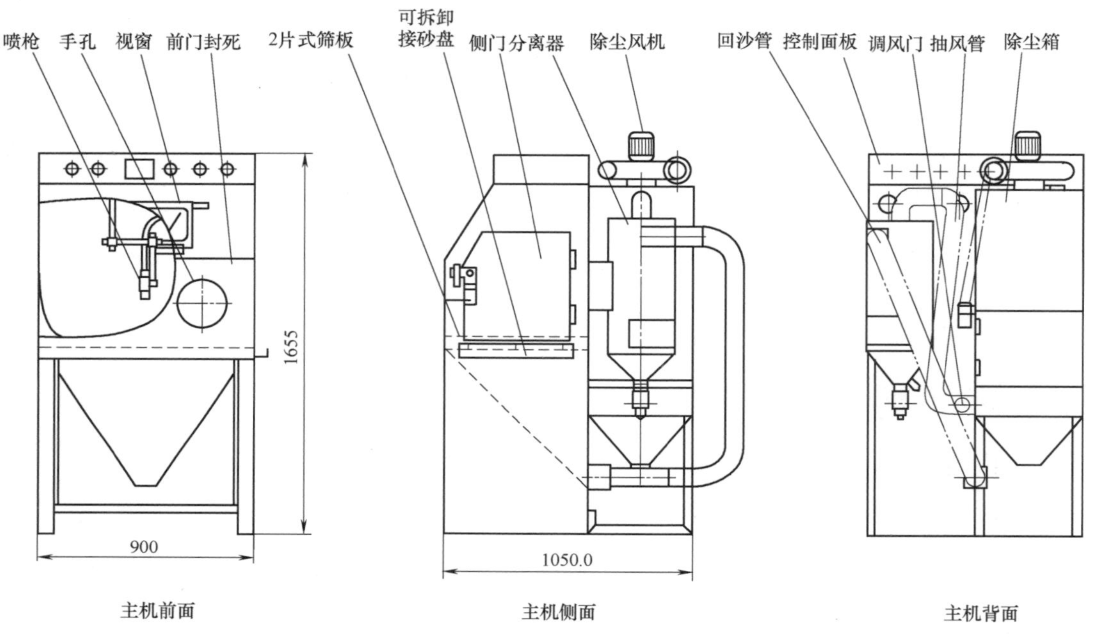

图 2-24 环保喷砂机 JCK-9060L 设备组成图

5. 喷砂机的使用

（1）磨料的装入　打开工作舱门，根据加工需要选择适合工件加工的磨料装入分离器舱内，磨料一次性装入量为 3kg 左右。

注意：装入磨料时，必须用器皿盛装磨料，然后慢慢地将磨料加入分离器舱内。

（2）喷砂量的调节　根据磨料的种类，适当调整调节螺母，如图 2-25 所示。出砂管上开有槽，通过改变槽的长短来调节喷砂量的大小，当槽完全在调节螺母之内时，喷砂量最大，但有一定的脉动现象，槽的长度一般 6～8mm 为合适。

（3）压缩空气压力的调节　按加工工件的需要，通过调节调压阀来控制进入喷枪的压缩空气的压力，工作压力在 0.1～0.7MPa 范围内可调，根据待喷工件的材质进行适当调节，当工作压力调节合适后，需将调压阀的调节旋钮压下锁定，方可进行喷砂作业。

（4）除尘系统　每隔 4h 清理一次灰尘（也可根据实际情况来做适当调整），具体操作方式：关闭电源开关，反复推拉振动阀 1～2min，使除尘布袋反复振动抖落灰尘，每天下班时打开除尘箱底部的清灰盖板，用容器盛住后将灰尘清理掉。每隔 3 个月应将除尘布袋拆下清洗

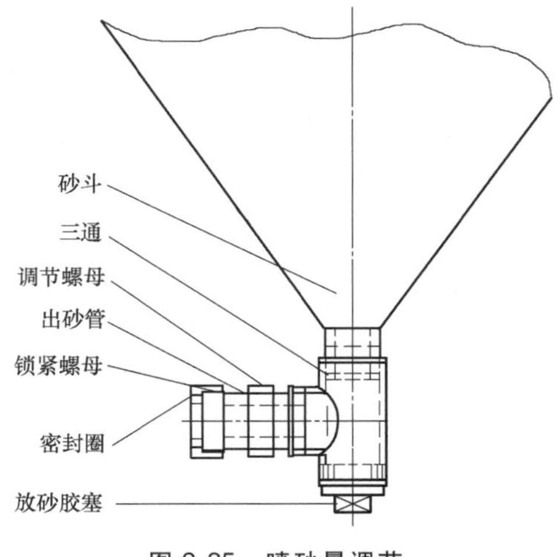

图 2-25 喷砂量调节

(也可根据实际情况来调整)，清洗干净晒干后（或换新的布袋）装上。除尘按钮如图 2-26 所示。

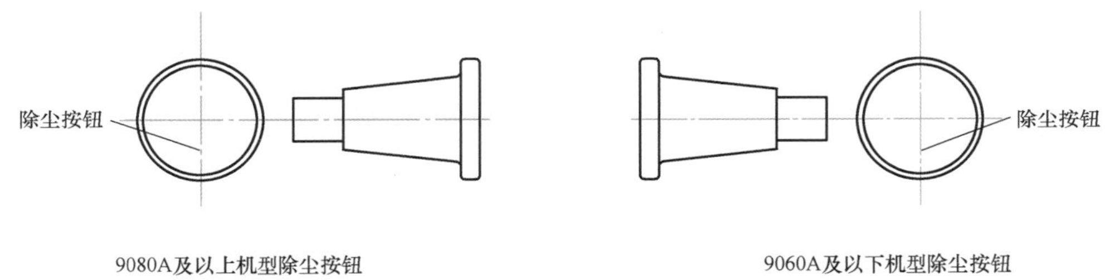

图 2-26 除尘按钮

（5）除尘箱风门的调节　如图 2-27 所示，调节除尘箱的风门可以调节旋风分离器风量的大小，从而实现粉尘分离，以保证喷砂效果；当风门完全关闭时旋风分离器的风量最大，适合于比重较大的磨料，当风门开启时旋风分离器的风量逐渐减小，可以用于比重较轻的磨料，在使用过程中应根据磨料的密度来调节除尘箱风门的开启程度，以达到粉尘分离的最佳效果。

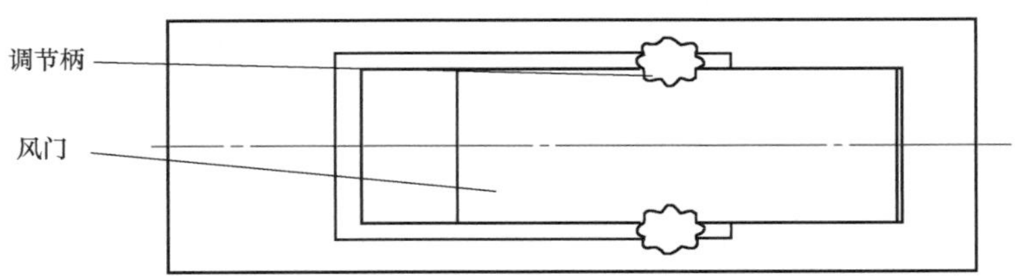

图 2-27 除尘箱风门的调节

任务 2. 2. 2 振动抛光机

使用振动抛光机对模型进行抛光，主要是通过介质与模型之间的碰撞摩擦实现抛光的目的，如图 2-28 所示。

图 2-28　振动抛光机

1. 振动抛光机的工作原理

振动抛光机通过产生高频率的振动，使模型与研磨石或钢珠、研磨剂等密切均匀混合，呈螺旋涡流状滚动，以研磨切削或抛光工作物表面，尤其是存在易变形或外形复杂、孔内死角的模型均能得到良好的表面质量。

2. 振动抛光机的特点

1）适用于大批量中、小尺寸模型的研磨抛光加工，提高工作效率 6~10 倍，节省成本约 1/3。

2）在振动研磨抛光加工过程中不破坏模型原有的尺寸、形状。

3）能实现自动化、无人化作业，操作方便，在工作过程中，可随时抽查模型的加工情况。

3. 振动抛光机的应用

可用于 3D 打印模型的去除毛刺、去除飞边、倒角、抛光等处理。

4. 振动抛光机的结构

振动抛光机由机座、偏心块、振动盘机体、振动电动机、振动弹簧、研磨槽、排水管等组成，如图 2-29 所示。

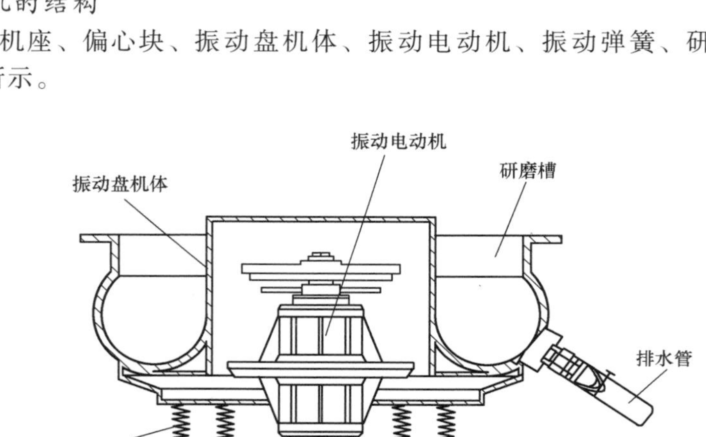

图 2-29　振动抛光机结构示意图

（1）振动电动机　振动电动机是振动抛光机的核心部件，它是一种特殊的电动机，它在轴心上安装有偏心块（也称为振动块），通过调节偏心块的相对角度、质量，可以很方便地调节振动抛光机的振动频率、翻转速度。

（2）振动盘机体　振动盘机体是该机主要部分，形状像“大火锅”组成的一个环形槽。槽内壁镶有粘贴牢固、耐磨且具有弹性、表面平整的橡胶衬里。抛光介质和模型放在其中。

（3）机座　机座是两端带法兰的圆筒。下法兰有地脚螺纹孔，是全机的支撑部分。整个机体靠弹簧坐落在上面。其上开有孔，用于调整偏心块和装拆电动机。

（4）振动弹簧　组成振动系统最基本的参量是振体的质量（转动惯量）和恢复力（恢复力矩），该振动系统恢复力（恢复力矩）就是由弹簧提供的。弹簧为圆柱压力弹簧，其制造材料有 60Mn、50CrVA 等。经热处理后，硬度为 45~50HRC，旋向一般为左旋。一定数量的弹簧均匀排列在机座法兰上。

5. 振动抛光机的使用

1）操作者必须熟悉设备一般结构及性能，不得超性能使用设备。

2）模型与磨具体积之和不得超过料斗体积的90%。

3）开机前，应检查紧固螺钉，检查电动机轴等转动是否灵活。

4）接通电源后，进行空转运行，设备应运转平稳，无异常噪声。否则应停机检查。

5）加工过程中必须根据抛光研磨情况适时添加研磨剂。

6）设备在运转中，如发现异常，应立即停机。

7）工作完成后，切断电源，清扫设备，做好设备维护保养工作。

任务2.2.3　真空镀膜机

通过镀膜的方法，可以在3D打印模型上获得具有装饰保护性和各种功能性的表面层，还可以修复磨损，如图2-30所示。

1. 真空镀膜机的工作原理

真空镀膜机是在高真空条件下将物质加热到沸腾状态，沸腾出来的原子或分子溅落在固体材料表面，形成一层或多层膜的方法。凡是在沸腾温度下不分解或不变性的物质都可以用此法蒸镀成膜。

图2-30　真空镀膜机

2. 真空镀膜机的特点

1）成膜温度低。钢铁行业中的热镀锌镀膜温度一般是400~500℃，化学镀膜温度更是高达1000℃以上。这样高的温度很容易引起被镀件的变形、变质，而真空镀膜的温度低，可以降到常温，避免了常规镀膜工艺的弊端。

2）蒸发源选择自由度大。可选择的镀膜材料多且不受材料熔点限制，可镀种类众多的金属氮化膜、金属氧化膜和金属碳化物及各种复合膜。

3）不使用有害气体、液体，对环境无不利影响，利于环保。

3. 真空镀膜机的应用

主要用于五金件、手表、手机壳、洁具、刀具、模型、电子产品、塑料制品、亚克力板材、陶瓷、树脂、水晶玻璃制品、灯具、眼镜等。

4. 真空镀膜机的结构

真空镀膜机主要由镀膜室、真空获得系统、真空测量系统、电路控制系统等组成，如图2-31所示。

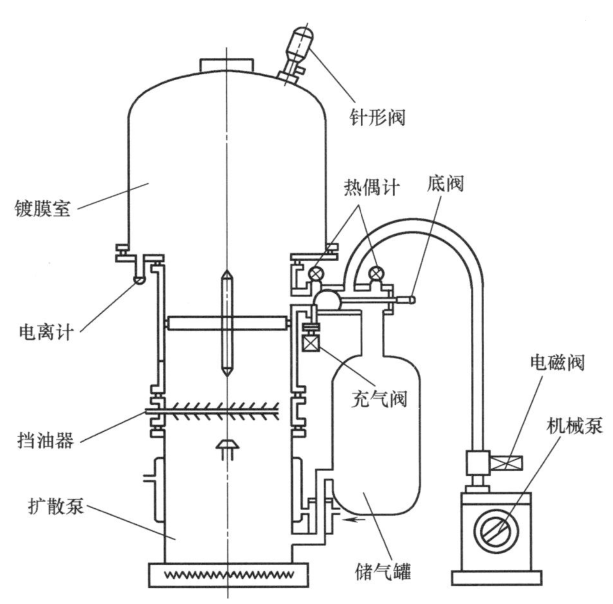

图2-31　真空镀膜机结构示意图

1）镀膜室　主要包括四对螺旋状钨丝或舟状蒸发加热器、旋转基片支架、烘烤加热器、热电偶测温探头、离子轰击环、针形阀、观察窗等。

2）真空获得系统　主要由机械泵、分子泵、高低真空阀、充气阀、电磁阀等组成。

3）真空测量系统　由热偶计和电离计组合的复合真空计构成，热偶计用于测量低真空度，电离计用于测量高真空度。

4）电路控制系统　主要由机械泵、扩散泵、电磁阀控制电路和镀膜蒸发加热器控制电路、钟罩升降控制电路、基片支架旋转调速控制电路、烘烤加热温度控制电路、离子轰击电路等组成。

5. 真空镀膜机的使用

1）在设备运转正常的情况下，开动设备前，必须先开水管，工作中应随时注意水压。

2）在离子轰击和蒸发时，应特别注意高压电线插头，不得触动，以防触电。

3）在用电子枪镀膜时，应在钟罩外围上铅板。观察窗的玻璃最好用铅玻璃，观察时应戴上铅玻璃眼镜，以防X射线侵害人体。

4）镀制多层介质膜的镀膜间，应安装通风吸尘装置，及时排除有害粉尘。

5）易燃有毒物品要妥善保管，以防失火中毒。

6）酸洗夹具应在通风装置内进行，并要戴橡胶手套。

7）把零件放入酸洗或碱洗槽中时，应轻拿轻放，不得碰撞及溅出。平时酸洗槽盆应加盖。

8）工作完毕应断电、断水。

任务2.2.4　丝　印　机

丝印机属于特种印刷方式的一种，如图2-32所示。它能够在不规则异形对象表面上印刷文字、图形和图像。例如，手机表面的文字和图案，还有计算机键盘、仪器、仪表等很多电子产品的表面印刷就是采用这种印刷方式。

图2-32　丝印机

1. 丝印机的工作原理

经传动机构传递动力，让刮墨板在运动中挤压油墨和丝网印版，使丝网印版与承印物形成一条压印线，由于丝网具有张力，对刮墨板产生作用力，而回弹力使丝网印版除压印线外都不与承印物相接触，油墨在刮墨板的挤压力作用下，通过网孔，从运动着的压印线漏印到承印物上。

2. 丝印机的特点

1）具有独特变频调速装置，丝印机印刷速度在20~70印次/min。

2）电子计数器可准确预先设置总数，到达设定总数后自动停机。

3）有多色印刷电眼装置，微调操作，对点对色准确，提高印刷品质。

4）适合印大面积底色、细字、网点，均清晰亮丽不褪色。

5）油墨附着力好、墨层厚、不褪色、不掉色、色泽鲜艳。

6）操作容易，减少试版时间。

3. 丝印机的应用

丝印机主要应用于工艺品印刷、包装印刷、广告印刷、电路印刷等。

4. 丝印机的结构

图2-33为丝印机外部结构示意图，主要包括印刷平台、刮印版、移动电动机、主箱体等。

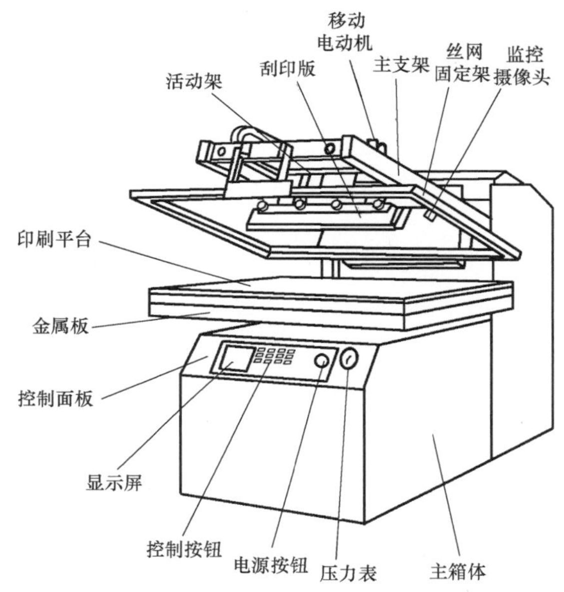

图2-33　丝印机外部结构示意图

5. 丝印机的使用

1）在没有熟悉机器性能和操作步骤前不得擅自开动机器。

2）选择与机器标称的电压值连接电源。

3）连接好气源并使气压达到规定要求，使气压控制回路恢复到初始状态再打开电源开关。

4）机器运转中如要急速回复原位，可按下应急停止键。

5）在回升或脚踏开关、起动/停止键失灵时，不要开动设备。

6）不能擅自更改或拆除任何安全设备。

7）设备在调试及使用过程中，如发现异常情况，应立即切断电源。

8）使用后关闭电源及压缩空气，清除机件上的残墨污迹。

9）如长时间停机，要将网版取下，或完全遮封，以防灰尘附在丝网上，影响下次作业。

任务2.2.5　镭　雕　机

镭雕机也称为激光雕刻机或激光打标机，如图2-34所示。镭雕可以打出各种文字、符号和图案等，字符大小可以从毫米到微米量级。这种技术刻出来的没有刻痕，物体表面依然光滑，字迹亦不会磨损。

1. 镭雕机的工作原理

镭雕技术是利用高能量密度的激光对工件进行局部照射，使表层材料瞬间发生汽化或发生颜色变化的化学反应，从而留下永久性标记的一种打标方法。

2. 镭雕机的特点

镭雕机能提高雕刻的效率，使被雕刻处的表面光滑、圆润，迅速地降低被雕刻的非金属材料的温度，减少被雕刻物的形变和内应力。

3. 镭雕机的应用

镭雕机广泛地用于对各种非金属材料进行精细雕刻。

4. 镭雕机的结构

镭雕机外部结构示意图如图2-35所示，主要由散热窗、升降立柱、激光器、计算机主机、激光主机箱等组成。

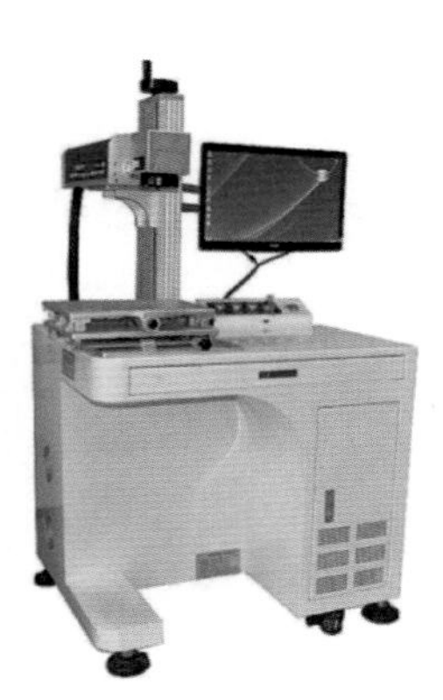

图2-34　镭雕机

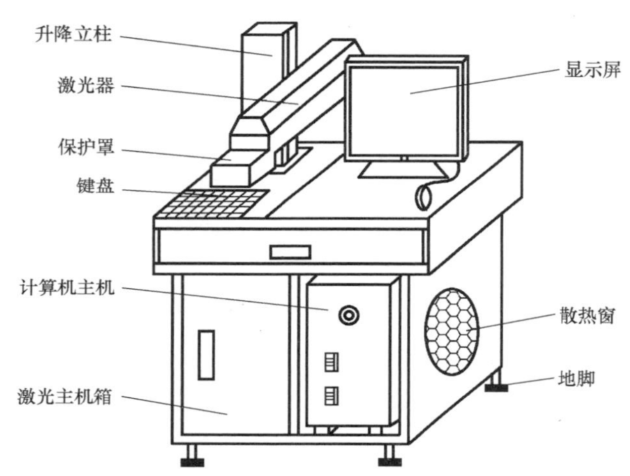

图2-35　镭雕机外部结构示意图

5. 镭雕机的使用

1）开机前，必须起动外循环冷却水，否则将损坏激光系统。

2）冷却系统出现故障时，不得开机工作。

3）除调试激光器输出能量大小及整机光路外，排除故障均应切断电源进行。

4）在高温季节，使用频率较高时，每两周应更换冷却水一次。在低温季节里，每三周应更换一次冷却水，并作记录。

5）冷却系统若有漏水现象，应查明原因，堵漏后方可开机，水路软管不允许有弯折、堵塞。

6）本机在激光停止后，水泵还应运行几分钟，使激光器得到冷却。

7）发现氪灯的电极附近严重发黑或在工作过程中预燃不能维持，此时应更换氪灯，更换氪灯应作记录。

【任务评价】

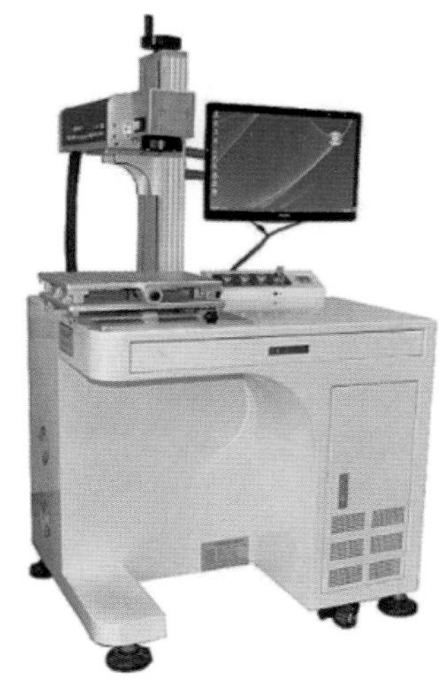

名称________________________
用途________________________

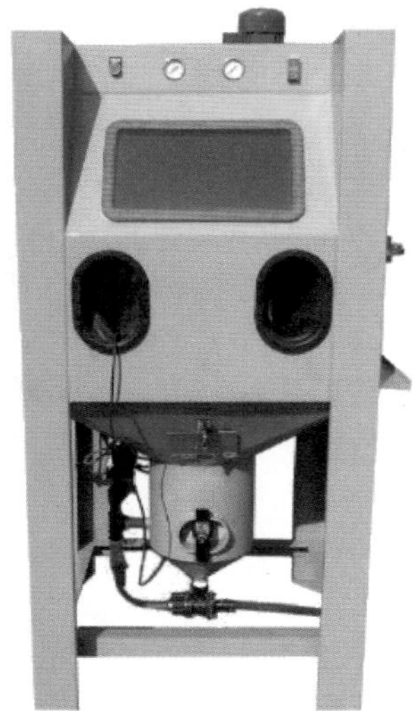

名称________________________
用途________________________

名称________________________
用途________________________

名称________________________
用途________________________

【人物风采】

大国工匠——陈行行

国防军工行业的年轻工匠，在数控加工领域，以极致的精准向技艺极限冲击。用在尖端武器装备上的薄壳体，通过他的手，产品合格率从难以逾越的50%提升到100%。

陈行行，中国工程物理研究院机械制造工艺研究所加工中心特聘高级技师，先后荣获全国五一劳动奖章、全国技术能手、四川工匠等称号，在第六届全国数控技能大赛中，获加工中心（四轴）职工组第一名。

陈行行在核武器科技事业中从事着高精尖产品的机械加工工作。他能熟练运用现代化的大型数控加工中心完成多种精密复杂零件的铣削加工，掌握了多种铣削加工参数化编程方法、精密类零件铣削及尺寸控制方法和铣削钻削等成形刀具的手工刃磨方法，同时还具备了数控车技师、高级制图员、二级模具设计师等8项职业资格。他编程功底扎实，操作技术精湛，尤其在新设备运用、新功能发掘和新加工方式创新等方面，成为研究所新型数控加工领域的领军人物。

陈行行，一个从微山湖畔小乡村走出来的农家孩子，10年时间破茧成蝶，投身我国核武器研制的宏伟事业中，在新型数控加工领域，以极致的精准向技艺极限冲击。用在尖端武器装备上的薄壳体，通过他的手，产品合格率从难以逾越的50%提升到100%，成为数控机械加工领域的能工巧匠。

想一想：阅读大国工匠陈行行的事迹，结合自己的实际谈一谈能工巧匠应具备哪些品质，谈谈你身边的能工巧匠。

任务2.3　FDM打印产品后处理工艺过程

【学习目标】

技能目标：能够熟知FDM打印产品后处理工艺过程。
知识目标：了解后处理工艺的种类及方法。
素养目标：培养按照工艺流程进行操作的能力。

【任务描述】

熟悉模型后处理工序、常用工具及设备，如整形锉、砂纸、喷漆机等。

【任务分析】

要熟知FDM打印产品后处理工艺、按照各种不同工艺进行后处理操作。

【任务实施】

任务2.3.1　分离操作

当完成模型打印时，打印机会发出蜂鸣声，喷嘴和打印平台会停止加热。将扣在打印平台周围的弹簧顺时针别在平台底部，将打印平台轻轻撤出。把铲刀慢慢地滑动到模型下面，来回撬松模型，如图 2-36 所示。

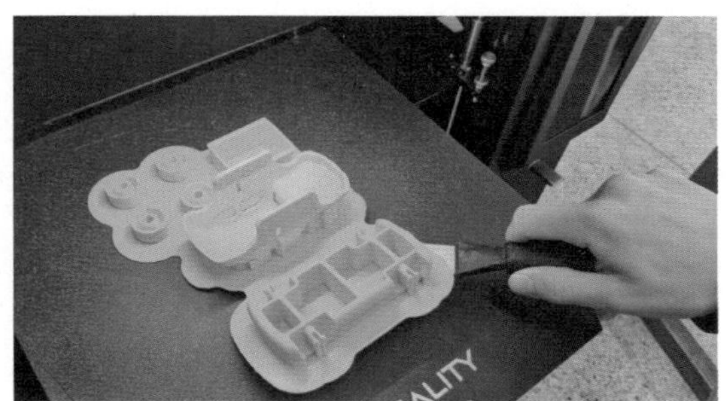

图 2-36　模型拆除

注意：在撬动模型时最好要佩戴手套，以防烫伤。

任务 2.3.2　去支撑操作

模型由两部分组成，一部分是模型本身，另一部分是支撑材料。支撑材料和模型主材料的物理性能是一样的，只是支撑材料的密度小于主材料的密度，所以易从主材料上移除支撑材料。

图 2-37 左边的图片是还未移除支撑的状态，右边的图片展示了支撑材料移除后的状态。可以使用多种工具来拆除支撑材料。一部分可以很容易地用手拆除，较接近模型的支撑，使用钢丝钳或者斜嘴钳更容易移除。

图 2-37　支撑去除

任务 2.3.3　热处理操作

3D 打印零部件被浸渍在蒸汽罐里，其底部有已经达到沸点的液体。蒸汽上升可以融化零件表面 2μm 左右的一层，几秒钟内就能把它变得光滑闪亮，如图 2-38 所示。蒸汽平滑技术被广泛应用于电子产品、原型和医疗应用等方面。该方法对零件的精度不会造成显著影响。不幸的是，与珠光处理相似，蒸汽平滑也有尺寸限制，所处理的最大零件尺寸为 91.4cm×60.5cm×91.4cm。另外，蒸汽平滑不能对 ABS 和 ABS-M30 材料（常见的热塑性塑料）进行处理。

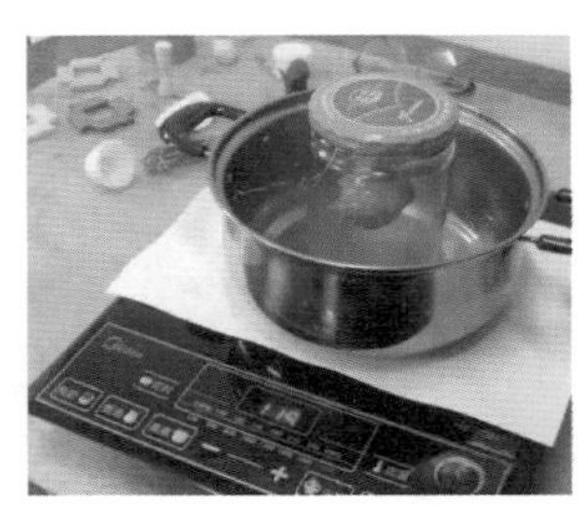

图 2-38　化学抛光

因为ABS材料溶于丙酮，所以可以利用丙酮蒸汽进行抛光。可在通风处煮沸丙酮来熏蒸打印成品，PLA材料不可用丙酮抛光，有专用的PLA抛光油。

特别提示：化学抛光要掌握好度，因为都是以腐蚀表面作为代价的。

整体来讲，目前化学抛光还不够成熟，应用不是很广泛，可作为后处理的备选方案之一，如图2-39所示。

图2-39　抛光前后对比

任务2.3.4　表面加工操作

工艺流程：一般由粗打磨——中打磨——精细打磨——抛光，四大部分组成。

打磨目的：去除零件毛坯上的各种毛刺、加工纹路（层隙及支撑痕迹）。

抛光目的：打磨工序后，进一步加工使零件表面更光亮平整，产生近似于镜面或光泽的效果。

打磨方法：电动、手动。

打磨步骤：先用较粗糙的砂纸，再用较细腻的砂纸。

特别提示：同一个地方不要操作时间过长，以防因摩擦生热过多而使模型表面熔化。如果打印件之后需要黏合，那么接缝处最好不要磨掉太多。

任务2.3.5　上色及装配操作

1. 手工上色

手工精细上色简单易学、易操作，表面想要获得较好的色彩效果，需先涂上一层浅色底色打底，再涂上主色，以防出现颜色不均匀或反色的现象。

可采用十字交叉涂法进行上色，即在第一层将干未干之时，加上第二层的新鲜油漆，第二层的笔刷方向与第一层的笔刷方向互相垂直。

因上色所使用的大多是油性染料，手工精细上色的色彩光泽度微高于浸染，而低于喷漆、电镀和纳米喷镀。在产品效果方面，受人工熟练程度、二次上色把握程度等多种因素影响，在效果上很难达到理想状态。同等产品中手工上色的效果最差，但手工上色简单易操作，造价成本低，如图2-40所示。

2. 喷漆上色

喷漆上色时油漆附着度较高，适用范围较广。受产品原镜面影响，喷漆的色彩光泽度仅次于电镀和纳米喷镀，但作业色彩比较单一，受喷涂技术和油漆干燥度等影响，多色喷涂较为困难。在制作周期上，喷涂后需要晾晒和细节处微调，作业周期需 3~4h。产品效果上，受人工熟练程度、二次上色把握程度、喷点衔接等多种因素影响，技术需求较强。喷漆上色，造价成本适中且适用范围最广，如图 2-41 所示。

图 2-40　上色

图 2-41　喷漆

【任务评价】

名称____________________
用途____________________

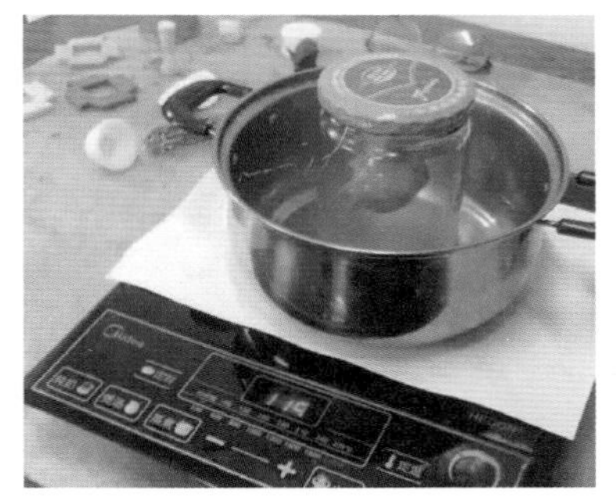

名称____________________
用途____________________

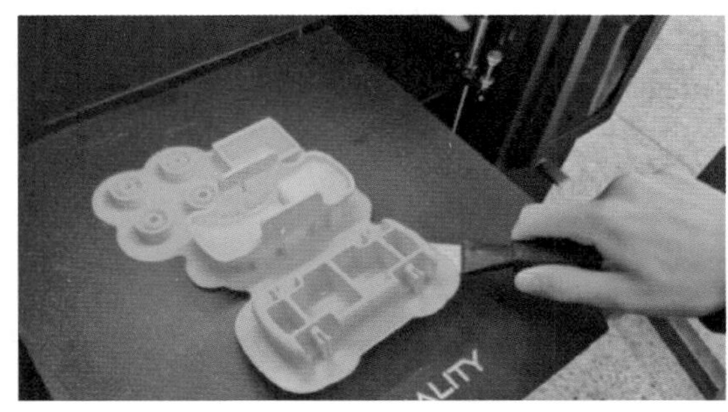

名称____________________
用途____________________

名称____________________
用途____________________

【人物风采】

大国工匠——李云鹤

敦煌第一位专职修复工匠，几十年写下一百多本修复笔记，建立起一套科学的工序流程。独创了大型壁画整体剥离的巧妙技法，既不伤害上层壁画，又让掩藏得更为久远的历史舒展卷轴，无限增值。

在世界文化遗产敦煌莫高窟，有一位年逾八旬、满头华发的老人，无论春夏秋冬，经常穿着深蓝色的工作服，拿着手电筒，背着磨得发亮的工具箱，穿行在各个洞窟之间，专注地修复着壁画和塑像。一幅幅起甲、酥碱、烟熏等病害缠身的壁画，一个个缺胳膊少腿、东倒西歪的塑像，在他的精雕细琢下，奇迹般地起死回生，令人赞不绝口、叹为观止。他，就是被誉为我国"文物修复界泰斗"的敦煌研究院保护研究所原副所长、副研究员李云鹤。

倾心一件事，干了一辈子。李云鹤于1956年在敦煌莫高窟参加工作，1998年退休，今年已经84岁高龄，仍坚守在文物修复保护第一线。1957年，在捷克斯洛伐克文物保护专家约瑟夫·格拉尔短暂对莫高窟进行壁画保护情况考察和壁画病害治理示范后，李云鹤也开始尝试像格拉尔一样用一些白色牙膏状的材料与水混合搅拌均匀制成黏结剂，再用一支医用粗针管顺着起甲壁画边缘沿缝隙滴入、渗透至地仗里；待壁画表面水分稍干，再用纱布包着棉球，轻轻按压，使壁画表面保持平整、粘贴牢固。一遍遍调试，一次次失败，才得以成功。从此以后，李云鹤便将毕生的精力投入到了文物修复保护事业。此后几十年里，李云鹤立足莫高窟，足迹跨越北京、新疆、青海、西藏等九个省市，故宫、布达拉宫等30多家兄弟单位的文物修复保护现场都留下了他清瘦坚毅的身影。他修复壁画近4000m^2，修复塑像500余身，取得了多项研究成果。其中"筛选壁画修复材料工艺"荣获全国科学大会成果奖，"莫高窟161窟起甲壁画修复""敦煌壁画颜料X光谱分析及木构建筑涂料"两项成果荣获国家文化部一等奖，"敦煌莫高窟环境及壁画保护研究"荣获国家文物局三等奖。

想一想：阅读大国工匠李云鹤的事迹，谈谈自己对"倾心一件事，干了一辈子"的理解。

任务2.4 FDM打印产品后处理案例

【学习目标】

技能目标：能够熟知FDM打印产品后处理工艺过程。
知识目标：了解后处理工艺的种类及方法。
素养目标：培养按照工艺流程进行操作的能力。

【任务描述】

熟悉模型后处理工序、常用工具及设备，如整形锉、砂纸、喷漆机等。

【任务分析】

要熟知FDM打印产品后处理工艺、按照各种不同工艺进行后处理操作。

【任务实施】

小汽车模型后处理

任务 2.4.1　小汽车模型后处理

1. 分离

将模型从平台上分离下来，拆除的时候注意力度，以免伤到模型或者自己，如图 2-42 所示。

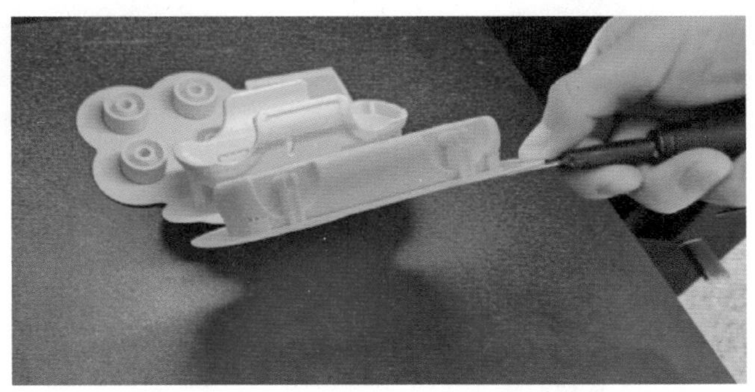

图 2-42　模型拆除

2. 去除支撑

图 2-43、图 2-44 分别是拆除模型和底座的连接、拆除模型上部分支撑。

图 2-43　去除支撑

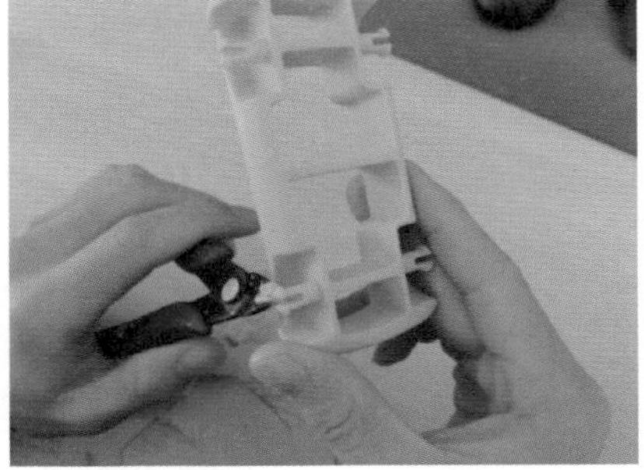

图 2-44　细节处理

3. 热处理

对 3D 打印模型进行化学处理，以获得更光洁的表面，如图 2-45 所示。

图 2-45　化学抛光

4. 表面加工

去除多余和不光整表面，如图 2-46、图 2-47 所示。

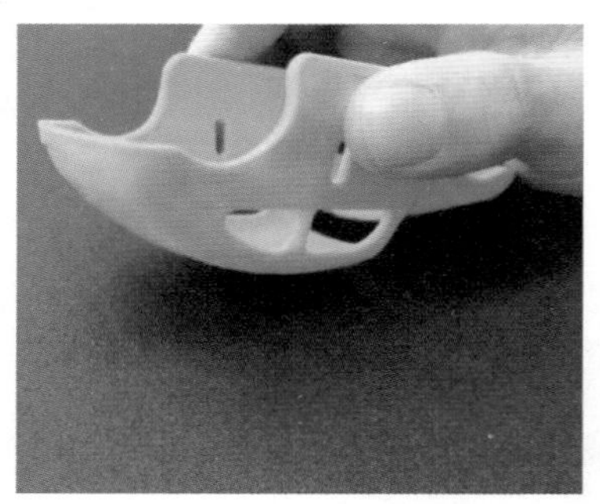
图 2-46 砂纸打磨

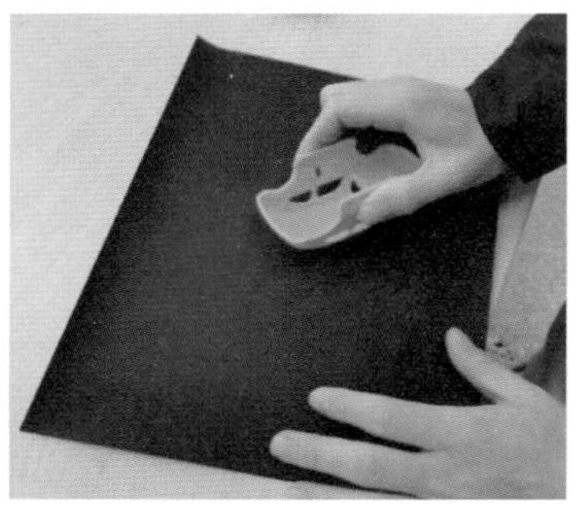
图 2-47 砂纸抛光

5. 上色及装配

上色之前先进行补土，补土的目的是更容易着色，如图 2-48 所示。

图 2-48 补土

补土完并晾干后，进行喷漆处理，如图 2-49、图 2-50 所示。

图 2-49 喷漆

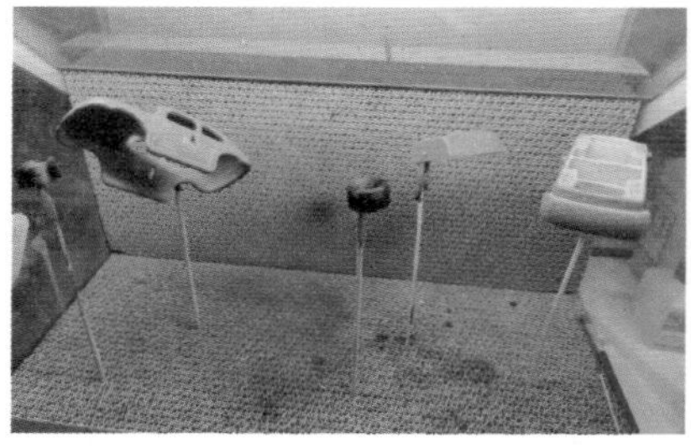
图 2-50 喷漆完成展示

组装，完成模型，如图 2-51 所示。

图 2-51 小汽车展示

任务 2.4.2　玩具足球模型后处理

玩具足球后处理

1. 分离

将模型从平台上分离下来，拆除的时候注意力度，以免伤到模型或者自己，如图 2-52 所示。

2. 去除支撑

足球模型添加支撑主要是为了防止在打印过程中材料下坠，影响模型打印的成功率。在模型打印完成后，需要去除支撑，拆支撑主要是慢工出细活。此模型可直接用手拆除支撑，如图 2-53 所示。

图 2-52　模型拆除

图 2-53　去除支撑

3. 表面加工打磨

打磨可以帮助消除足球模型表面的层线，打磨一开始要使用较粗糙的砂纸，后期使用较细腻的砂纸，而且同一地方不要操作时间过长，以防因摩擦生热过多而使模型表面熔化，如图 2-54 所示。

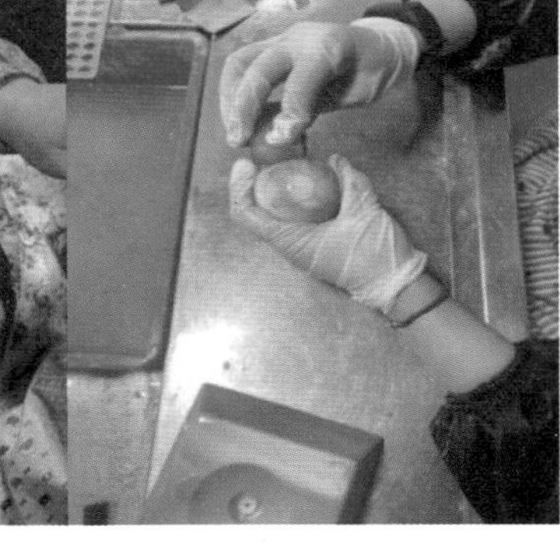
图 2-54　精磨外观

4. 上色-喷底漆

上色-喷底漆也是常用的后处理工艺，操作人员手持喷嘴朝着足球模型高速喷射介质小球从而达到上色的目的。上色处理一般比较快，约 5～10min 即可处理完成，处理过后产品表面色泽光滑均匀，如图 2-55 所示。

模型完成，如图 2-56 所示。

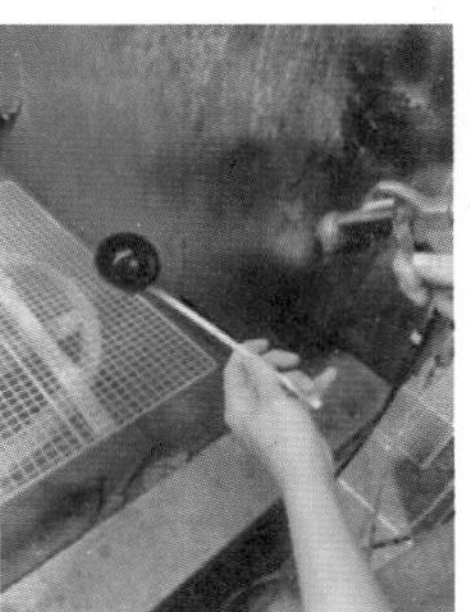
图 2-55　底漆上色

图 2-56　模型展示

任务2.4.3　可调角度手机支架后处理

可调角度手机支架后处理

1. 分离

将可调角度手机支架从平台上分离下来，拆除的时候注意力度，以免伤到模型或者自己，如图2-57所示。

2. 去支撑

可调角度手机支架打印完成后，需要去除支撑及表面毛刺，修整模型细小部分的表面，按其断面形状进行处理，如图2-58所示。

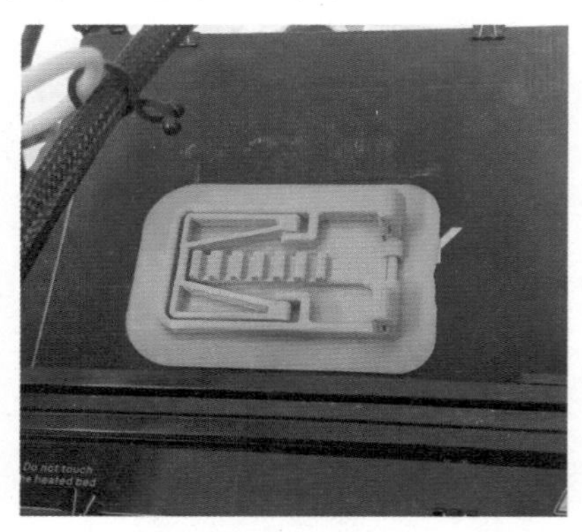

图2-57　模型拆除

图2-58　拆除支撑

3. 表面加工打磨

打磨可以帮助消除手机支架上的各种毛刺、加工纹路（层隙及支撑痕迹），先使用较粗糙的砂纸进行打磨，之后再用细砂纸进行精磨。同一个地方不要操作时间过长，以防损坏表面。打磨处理后，模型表面较为平整，如图2-59所示。

4. 模型油漆上色

上色中的喷底漆可以使模型更加透亮有光泽，操作人员手持喷嘴朝着模型高速喷射介质小球从而达到上色的效果。上色处理一般比较快，约5~10min即可处理完成，处理过后表面色泽光滑均匀，如图2-60所示。

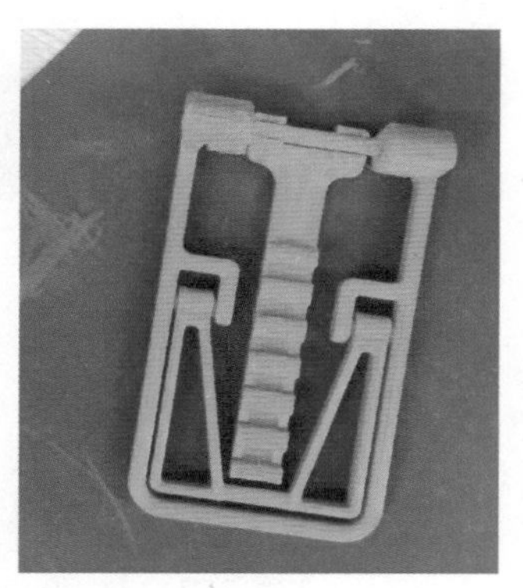
图2-59　打磨外观

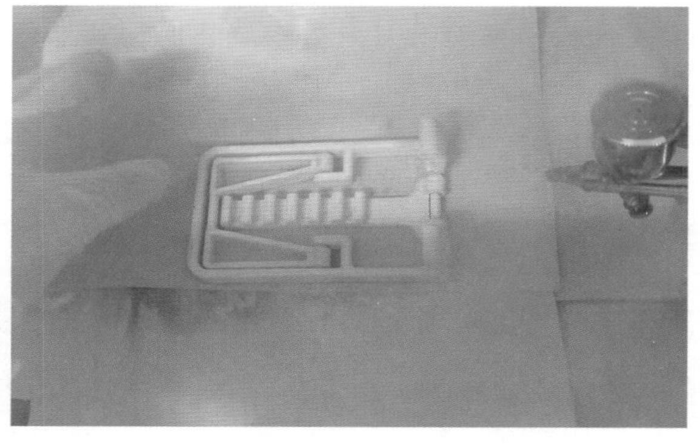
图2-60　底漆上色

5. 成品展示

完成模型如图2-61所示。

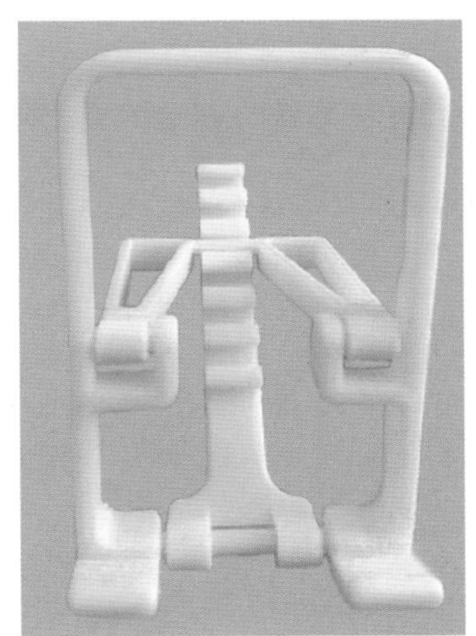

图 2-61　模型展示

【任务评价】

名称______________________________

用途______________________________

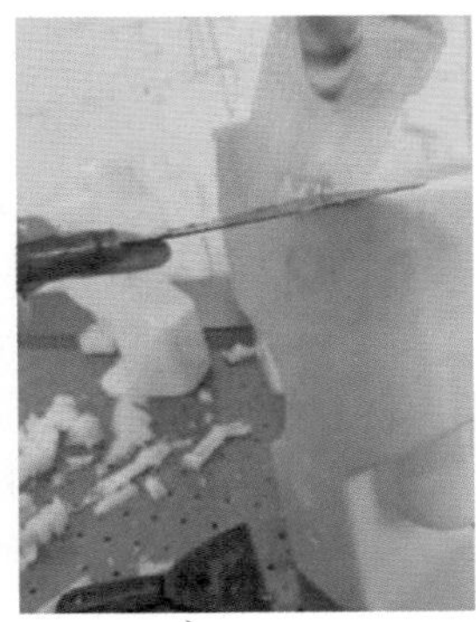

名称______________________________

用途______________________________

名称______________________________

用途______________________________

名称______________________________

用途______________________________

【人物风采】

大国工匠——王进

成功完成世界首次±660kV直流输电线路带电作业，参与执行抗冰抢险、奥运保电等重大任务，带电检修300余次实现“零失误”，为企业和社会创造了巨大经济价值。

王进，中共党员，国网山东省电力公司检修公司输电检修中心带电班副班长。王进是电网系统特高压检修工。

带电作业属于高危工种，除了对身体条件要求比较高以外，对经验、技术、心理素质要求都很高。“每次上塔都会紧张，说不怕那是假的。”王进说，这么多年过去了，他依然记得第一次“抓电”的恐惧和无助。

2001年在沈阳取证考试，是王进第一次接触高电压带电作业。王进回忆说，当轮到他时，也是哆哆嗦嗦，伸手去摸线路，还没等靠近，手指尖就和导线拉出了一道10cm长的电弧，冒着蓝光“嗞嗞”作响，就像毒蛇吐着信子。“我当时心一横，一把就抓了上去，实现了职业生涯的第一次突破。”

2011年，世界首次±660kV银东直流线路带电作业，让王进走向了职业生涯的“高峰”。±660kV银东直流输电线路是世界首条±660kV电压等级输电线路工程，占山东省总负荷的近十分之一，被称为“不能停电的线路”。

为成功挑战这项世界难题，自线路建成之日起，王进和带电班的成员连续两个月吃住在训练场，白天上塔演练操作，晚上研究作业方案，为了实现高空与地面的精准配合，所有成员每天要登4次塔，相当于在20层的高楼上下8次，在高空中一个传递动作要反复演练十几遍。因为高强度的训练，王进晚上睡觉时肌肉经常会痉挛。

功夫不负有心人，2011年10月17日，在30多家媒体的见证下，王进作为等电位电工，在不到1个小时的时间里，成功完成了带电检修任务，成功完成世界首次±660kV直流输电线路带电作业，被誉为±660kV带电作业“世界第一人”。

想一想：阅读大国工匠王进的事迹，谈谈他的成功的“秘诀”给你带来哪些影响？

项目3　SLA光固化打印产品后处理

【思维导图】

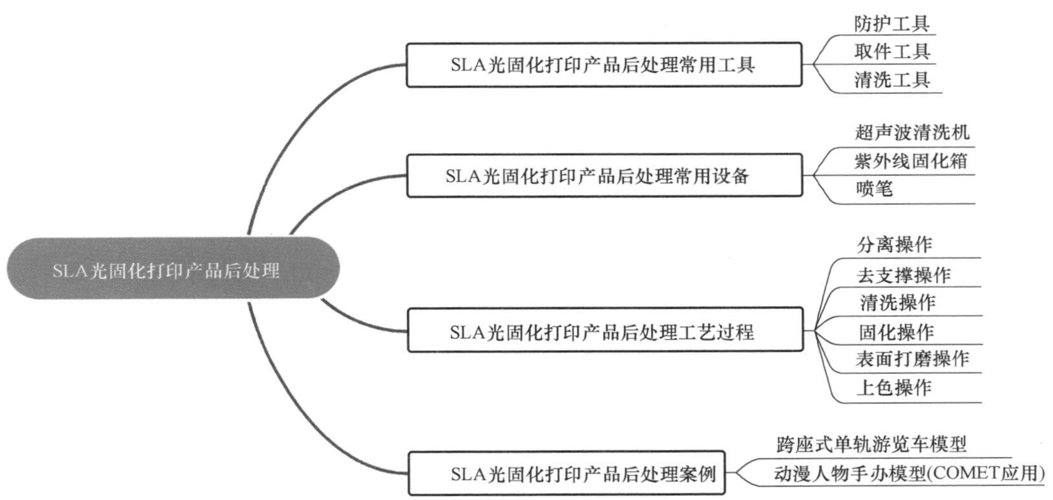

任务 3.1　SLA 光固化打印产品后处理常用工具

【学习目标】

技能目标：能够正确使用工具对光固化打印产品进行后处理。
知识目标：了解后处理工具的功能、类型，掌握后处理工具的使用方法。
素养目标：培养按照操作规范使用工具的能力。

【任务描述】

1. 认识并使用光固化打印产品后处理常用设备，如超声波清洗机、紫外线固化箱等设备。
2. 认识并使用常用后处理工具，如打磨笔、整形锉、斜嘴钳。

【任务分析】

1. 认识并使用光固化打印产品后处理常用设备，需要了解设备的组成、工作原理、特点及应用。

2. 认识和使用常用后处理工具，需要掌握工具的类型及应用、操作方法和使用规范。

【任务实施】

任务3.1.1 防护工具

1. 橡胶手套

使用方法：先从指间戴上，然后慢慢往上拉。在处理液体树脂时，应正确佩戴手套，以免弄脏手或接触树脂引起过敏，操作完成后使用洗手液清洗双手，如图3-1所示。

注意：千万不要让手掌先进入手套，避免扯破手套。

2. 口罩

光固化树脂现在大多数用的是甲基丙烯酸甲酯类的，这种树脂一般有一股异香。除了保持良好的通风外，还可以戴口罩来隔绝气味，如图3-2所示。

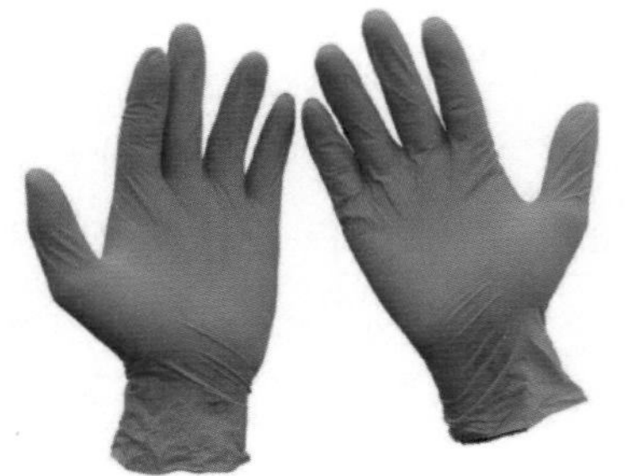

图3-1 橡胶手套

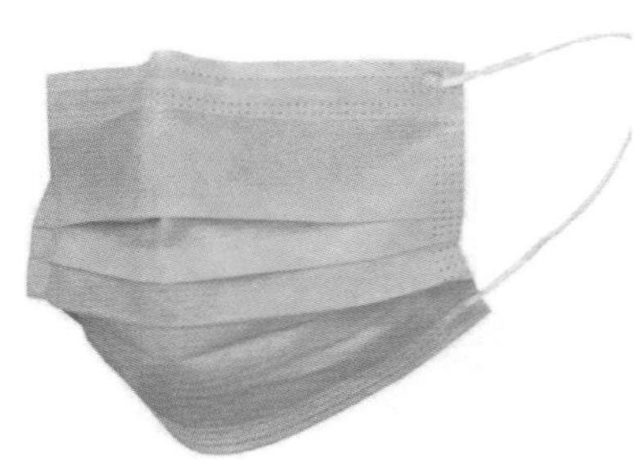

图3-2 口罩

任务3.1.2 取件工具

1. 金属铲刀

金属铲刀（见任务2.1.1，图3-3），可以用来把成品或废品从成形平台上取下来。

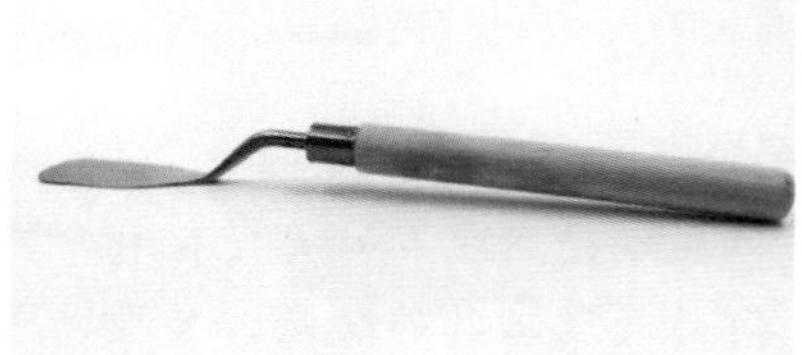

图3-3 金属铲刀

使用方法：铲除时要有耐心，找到发力点，这样可以避免弄断模型。只要模型和成形平台铲出一丝缝隙，接下来的铲除就很容易。

注意：取打印平台上的模形时用金属铲刀，切记不要用金属铲刀触碰料槽内的离型膜。

2. 塑料铲刀

使用方法：当打印失败时，用塑料铲刀铲除粘在料槽底部的固化树脂，如图 3-4 所示。

图 3-4 塑料铲刀

注意：取打印平台上的模型时用金属铲刀，切记不要用塑料铲刀，铲刀易损坏。

任务 3.1.3 清 洗 工 具

1. 软毛刷

在酒精中清洗模型的时候，可用软毛刷轻轻刷掉模型表面的树脂，如图 3-5 所示。

2. 喷瓶

模型的有些部位是软毛刷刷不到的，可以使用装有酒精的喷瓶对准角度冲洗模型较深的部位，如图 3-6 所示。

注意：在使用装有酒精的喷瓶进行清洗操作时，喷嘴远离明火。

3. 无尘布/纸巾

把模型从酒精中取出后，用纸巾或无尘布来擦拭模型表面，如图 3-7 所示。

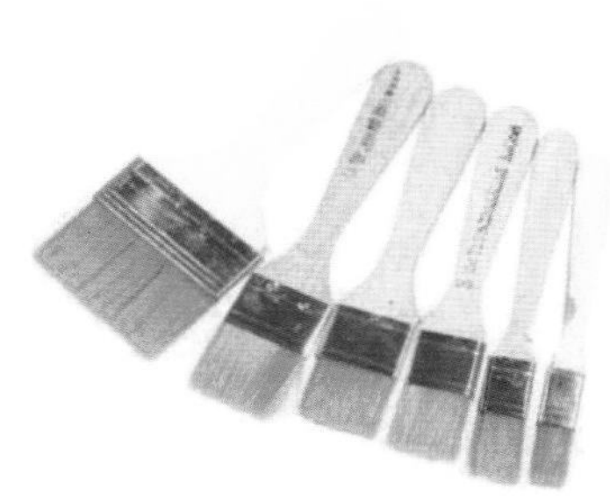

图 3-5 软毛刷

图 3-6 喷瓶

图 3-7 纸巾

【任务评价】

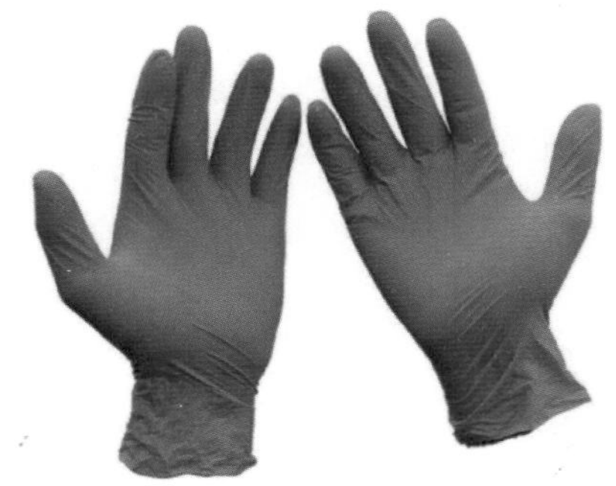

名称＿＿＿＿＿＿＿＿＿＿＿＿＿＿

用途＿＿＿＿＿＿＿＿＿＿＿＿＿＿

名称＿＿＿＿＿＿＿＿＿＿＿＿＿＿

用途＿＿＿＿＿＿＿＿＿＿＿＿＿＿

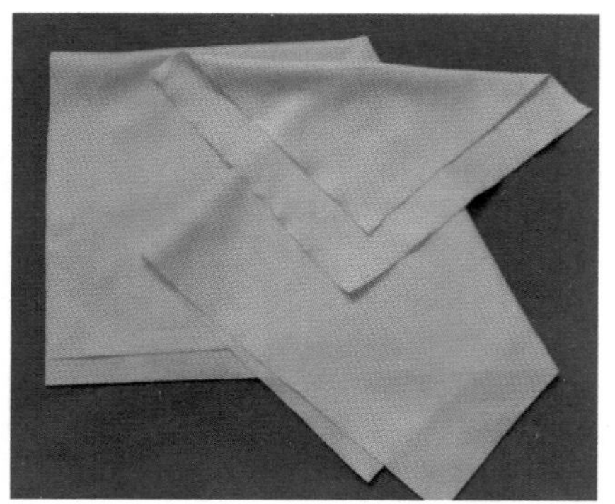

名称＿＿＿＿＿＿＿＿＿＿＿＿＿＿

用途＿＿＿＿＿＿＿＿＿＿＿＿＿＿

名称＿＿＿＿＿＿＿＿＿＿＿＿＿＿

用途＿＿＿＿＿＿＿＿＿＿＿＿＿＿

【人物风采】

大国工匠——宋彪

19 岁站上世界技能大赛最高领奖台，成为首位获得“阿尔伯特大奖”的中国人，两年后荣获“中国青年五四奖章”，成为新生代工匠中的佼佼者。

宋彪，来自安徽蚌埠农村。初中时，宋彪的学习成绩并不理想，中考成绩出来后，当工人的父亲并没有责备他，而是跟他聊了聊自己年轻时的一些经历，特别是经历的挫折和对人生的感悟。“与父亲的谈话让我重燃对知识的渴望和对未来的希望。”宋彪说，“拿不好笔杆子，就拿好工具。”

后来宋彪进入技师学院学习，由于基础知识太差，宋彪就利用课余时间请教专业课老师，把课堂听不懂的专业知识一一搞懂。经过不断追赶，宋彪越来越自信，也逐渐发现自己动手能力强的天赋，课余时间常常守在车间琢磨产品设计。因为长期勤于钻研，宋彪在技能节中崭露头角，获得参加世界技能大赛的敲门砖。

在一年多的备赛时间里，宋彪的勤奋不断带给教练惊喜。教练布置的每天训练任务是8~10h，但是宋彪每天都给自己多加2h的训练量，由于回宿舍太晚，连宿舍阿姨都认识他了。夏天，他更是顶住40℃的高温坚持在车间训练。

只要掌握一技之长，照样能够顶天立地，荣耀青春。宋彪说："我从自己的成长及参赛经历中深深体会到，技能改变人生，技能成就梦想。我将珍惜荣誉、再接再厉，坚定走技能成才之路，用自己的努力阐释新时代工匠精神。也希望更多的有志青年能够凭借精湛的技能让人生出彩！"

"家财万贯，不如薄技在身。"宋彪毕业后选择留校当老师，他希望把自己学到的技能传授给更多有梦想的年轻人。

想一想：阅读青年工匠宋彪的事迹，结合习近平总书记对技能人才工作的重要指示精神——激励更多劳动者特别是青年一代走技能成才、技能报国之路，同时结合实际，谈谈自己对技能成才、技能报国的看法。

任务3.2　SLA光固化打印产品后处理常用设备

【学习目标】

技能目标：能够正确使用工具对光固化打印产品进行后处理。
知识目标：了解后处理工具的功能、类型，掌握后处理工具的应用。
素养目标：培养学生按照操作规范使用工具的能力。

【任务描述】

1. 认识并使用光固化打印产品后处理常用设备，如超声波清洗机、紫外线固化箱等设备。
2. 认识并使用常用后处理工具，如打磨笔、整形锉、斜嘴钳。

【任务分析】

1. 认识并使用光固化打印产品后处理常用设备，需要了解设备的组成、工作原理、特点及应用。
2. 认识和使用常用后处理工具，需要掌握工具的类型及应用、操作方法和使用规范。

【任务实施】

任务3.2.1　超声波清洗机

1. 超声波清洗机的工作原理

超声波清洗机主要是通过换能器，将超声波发生器的声能转换成机械振动，通过清洗槽壁将超声波辐射到清洗槽中的清洗液。由于受到超声波的辐射，槽内液体中的微气泡能够在声波的作用下保持振动，从而破坏污物与清洗件表面的吸附，引起污物层的疲劳破坏而被驳离，即利用气体型气泡的振动对固体表面进行擦洗。

2. 超声波清洗机的特点

1）清洗速度快，清洗效果好，清洁度高，工件清洁度一致，对工件表面无损伤。
2）不需要人手接触清洗液，安全可靠，对深孔、细缝和工件隐蔽处亦可清洗干净。
3）节省溶剂、热能、工作场地和人工等。
4）清洗精度高，可以强有力地清洗微小的污渍颗粒。

3. 超声波清洗机的应用

超声波清洗机应用范围广泛，适用于各行业的工件清洗。如：精密电子元件、钟表零件、光学玻璃零件、五金件、珠宝首饰、半导体硅片、涤纶滤芯/喷丝板、医疗器械等的清洗及零件电镀前后的清洗。

4. 超声波清洗机的结构

超声波清洗机由不锈钢清洗槽、过滤循环系统、恒温加热系统等组成，采用优质不锈钢板制作，耐腐蚀能力强，使用寿命长。采用超声换能器，配合先进黏结工艺，电声转换效率高，超声输出功率强。配有恒温自动加热装置，温控范围为常温到95℃之间。超声波清洗机主要有内置发生器机型和外置发生器机型两种，其命名方式如图3-8所示。

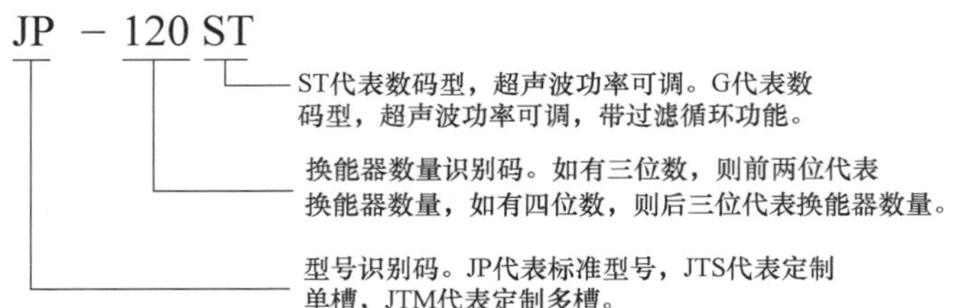

JP－120ST即为：带12个换能器，功率可调的数码型标准机

JP－120G即为：带12个换能器，带过滤循环功能的功率可调的数码型标准机。

图3-8 超声波清洗机的命名方式

5. 超声波清洗机的使用及注意事项

（1）内置发生器机型使用方法　超声波清洗机内置发生器（机型JP-120ST）结构简图如图3-9所示，其内置发生器机型控制面板如图3-10所示。

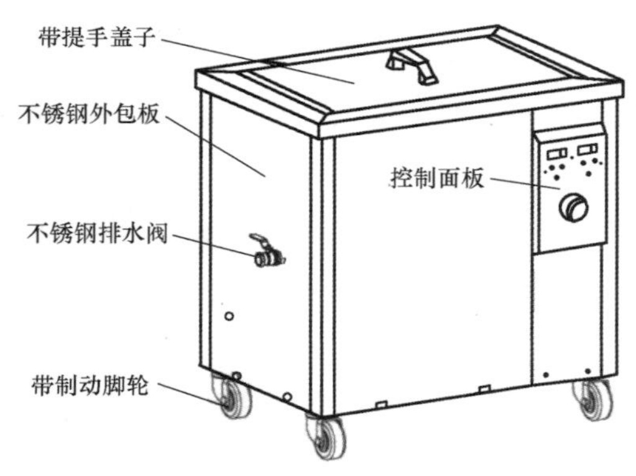

图3-9 超声波清洗机内置发生器（机型JP-120ST）结构简图

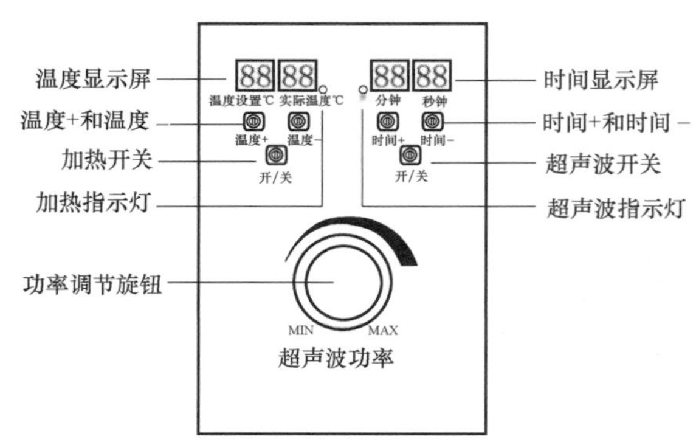

图3-10 内置发生器机型控制面板

1）将机器万向轮锁死，防止机器溜动。

2）将机器左侧排水球阀与排水管路连接。

3）将机器电源线插头插入供电插座内，不带插头的电源线要接入供电空气开关中。注意一定要有可靠接地。

4）加清洗液至清洗槽内槽高度2/3处。将需要清洗的工件放在清洗篮中，清洗篮放入机器内槽码仔上架起。

5）在控制面板中按压“温度+”和“温度-”设置好温度，按压加热开关开启加热，此时，加热指示灯亮。

6）到达设定温度后，按压“时间+”和“时间-”设置好超声波清洗时间，按压超声波开关开启超声波，超声波指示灯亮，发出滋滋滋的声音，超声波功率旋钮可调节超声波功率大小。

7）清洗完毕后，关掉加热开关，实际温度不再闪烁，断开超声波电源线，打开排水球阀，排净内槽清洗液，完成清洗。

（2）外置发生器机型使用方法　超声波清洗机外置发生器（机型 JP-120G）结构简图如图 3-11 所示。

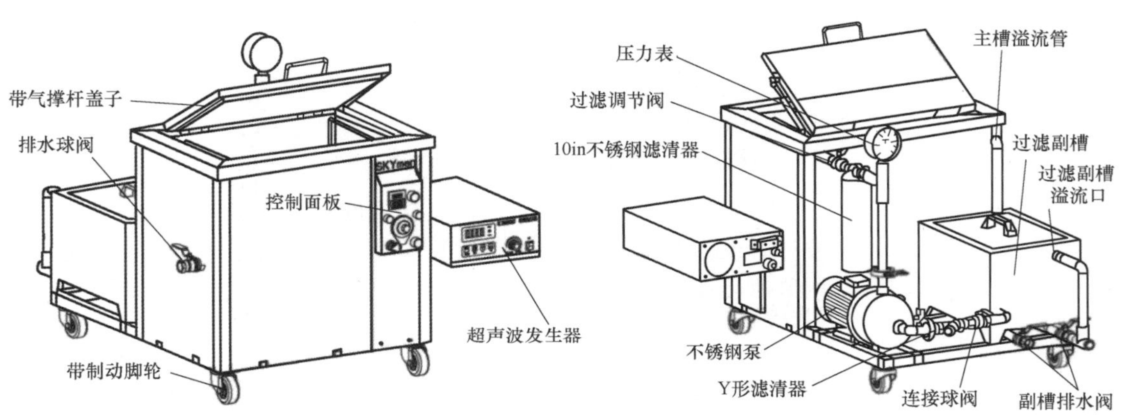

图 3-11　超声波清洗机外置发生器（机型 JP-120G）结构简图

1）将机器万向轮锁死，防止机器溜动。带脚杯的机器，请将脚杯扭至地面支撑起机器，万向轮悬空 1~2cm。

2）将机器高频驱动线和远程插头连接到外置发生器后侧。其中“A+”和“A-”分别连接发生器后部“+”和“-”位，“NC”为空位，不需要连接，远程插头插入航空插座内，发生器电源线接入插座内，如图 3-12 所示。

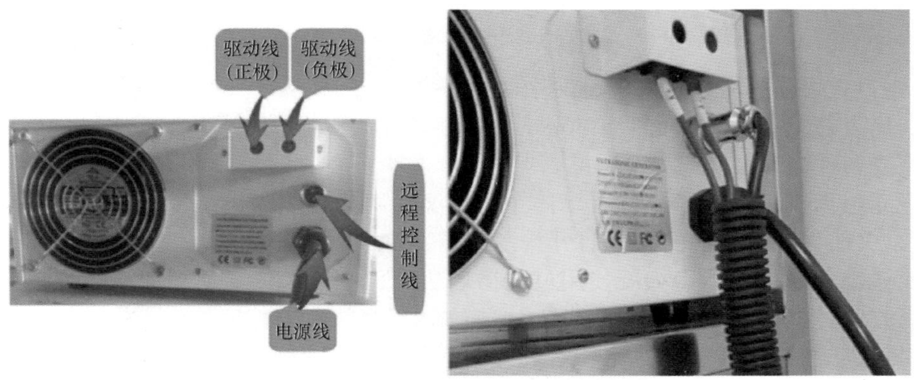

图 3-12　发生器电源线接入插座内

3）将机器电源线接入供电插座内，不带插头的机器和三相 380V 的机器电源线要接入供电空气开关中。注意一定要有可靠接地。

4）加清洗剂至清洗槽内槽高度 2/3 处。将需要清洗的工件放在清洗篮中，清洗篮放入机器内槽码仔上架起。

5）旋转控制面板上的温度调节旋钮，即可设置好加热温度，此时，“正在加热”指示灯亮起。当温度到达时，“温度到达”指示灯会亮起，如图 3-13 所示。

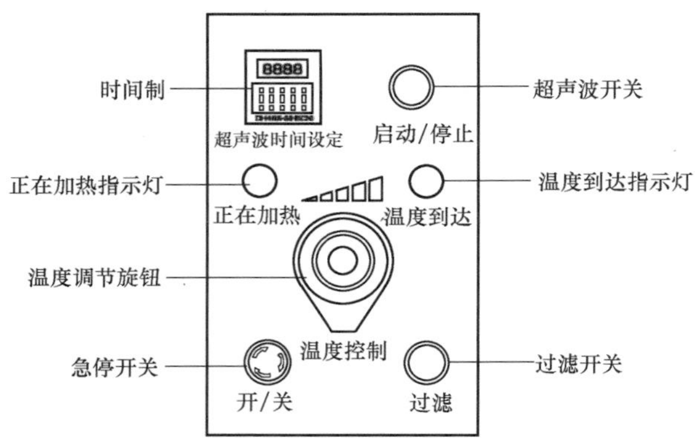

图 3-13 外置发生器机型控制面板

6）温度到达后，在控制面板时间制中设置好超声波工作时间，按压时间制右侧的超声波开关按钮，同时打开超声波外置发生器面板上的电源开关，超声波开启。外置发生器控制面板上的功率调节旋钮可以调节超声波功率。发生器面板如图 3-14 所示。

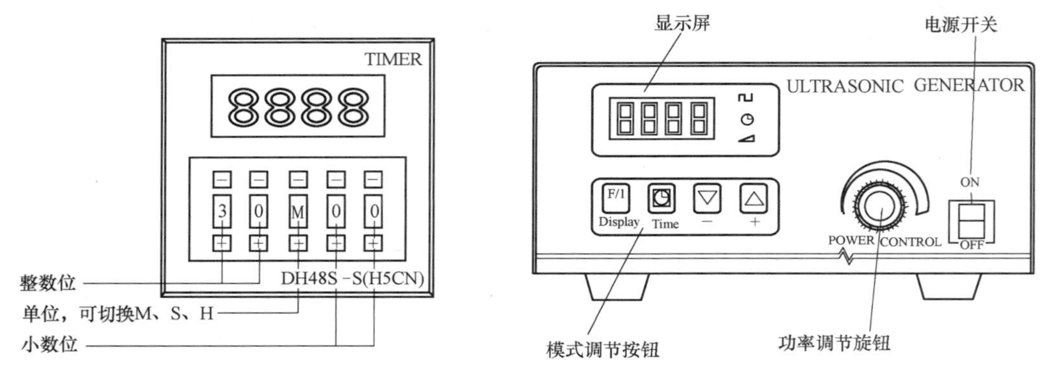

图 3-14 发生器面板

时间制设定方法：按压发生器面板上方“-”和下方“+”可以切换位数和单位，默认“30M00”代表超声波清洗时间为 30min，如要将清洗时间设置为 1h，则将时间制设定为“60M00”或者“01H00”。

7）设定时间到达后，超声波自动停止，将温度调节旋钮调到 30℃以下，断开超声波清洗机电源线，关闭发生器电源开关，打开排水球阀，排净内槽清洗液，完成清洗。

8）带过滤循环的机器，如要使用过滤循环功能，主槽水位要加到溢流口位置，过滤副槽水位要加到副槽溢流口位置，打开连接水泵和副槽的球阀，过滤调节阀要处于半开状态，按压控制面板过滤开关，开启过滤循环。过滤调节阀可调节过滤循环速度。

（3）超声波清洗机的使用注意事项

1）安装设备。参照超声波清洗机安装说明书连接清洗机的电控柜与主机间的温控传感器信号线、超声驱动线、加热器控制线等线路，并接通 380V 交流电源，安装清洗机的上水管、放水管与溢流排放管。

2）加入清洗溶液。向清洗池内加入适量清洗液（水或酒精），液面高度以浸没将要清洗的零部件为准，一般不超过清洗池的 3/4。

3）超声波清洗机预处理。清洗之前宜先将零部件表面的污垢简单清洁后再放入清洗液中，以便延长清洗液使用寿命。

4）清洗。采用浸洗方式，将待清洗的零部件浸泡在清洗液里，依托清洗液和污垢之间发生的物理、化学反应而使污垢逐渐溶解、逐步转为游离状态，最终从零部件表面脱落下去。

5）整理设备。清洗完毕后，取出零部件，并整理超声波清洗机，注意防火防电。

注意：超声波清洗机一般具有加热功能，切记不可以开启，因为酒精属于易燃易爆物品。

任务 3.2.2　紫外线固化箱

1. 紫外线固化箱的工作原理

紫外线光（UV）固化是利用光引发剂（光敏剂）的感光性，在紫外线光照射下光引发形成激发态分子，分子分解成自由基或离子，使不饱和有机物发生聚合、接技、交联等化学反应，从而达到固化的目的。

紫外灯的红外辐射的处理方法：紫外线高压汞灯将 60%的总功率转变为红外辐射，灯管表面温度可升到 700~800℃。为了避免材质过热，紫外光固化装置中采用高功率灯和多灯系统，因此装置中一般要采取多种措施来冷却灯管、反射灯罩以及基材。在用于光固化涂料时，要设法调节好温度，一方面要避免材质过热，另一方面又要使涂层温度有所升高，升高温度有利于固化反应。现常用办法有三种：其一、风冷却，这种方法是现今应用最多的方法，成本较低；其二、水冷却，在灯管外加装水套，该方法效果好，但成本较高；其三、加装光学片，将红外辐射与固化物隔离，适用于易变形产品。

2. 紫外线固化箱的特点

1）紫外线固化时间短，没有挥发性溶剂（水、醇）的挥发。

2）不会引起产品的变质、变色。

3）紫外线固化树脂是单一液剂，不必和溶剂等混合。

4）在紫外线照射前不会硬化，可修正操作。

3. 紫外线固化箱的应用

目前紫外线固化技术已广泛用于化工、电子、表面处理、印刷等领域，适合于高产快速、节省能源和空间、环境改善、低温处理等应用场合。

4. 紫外线固化箱的结构

紫外线固化箱（图 3-15）主要由电源、灯箱（可变形为手持式光源）和固化箱三部分组成。紫外面光源采用模块型设计，可手持、固定、箱式使用。

（1）可移动的 UV 灯头　手持式光源包含一个长寿命的 400W 高压汞灯，发射出 UVA（波长为 320~390nm），主光强度分布均匀。灯泡寿命为 1000h。灯头由软线与主电源箱连接，方便移动使用或安装在客户的夹具、传送带或是自动化机器上。

固化箱

电源开关

固化箱内部

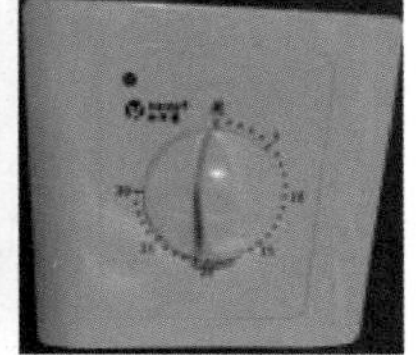

计时器

图 3-15　紫外线固化箱

（2）UV 固化箱　设备包含固化箱，带有箱门，开关方便，在元件的固化过程中，能够保护用户免受紫外线辐射。内置可伸缩遮光型手动快门，确保固化的优良重复性，保护用户开关固化箱门时免受紫外线辐射。固化箱内有反光的内壁结构以及优化设计的反光镜，可保证实现均匀的照射效果。

（3）强制风冷系统　光源、电源、固化箱都带有冷却风扇，使得系统在散热良好的环境工作，增加了系统可靠性。同时开关快门计时、石英片、固化箱内的可安装升降板可进行选配。

任务 3.2.3　喷　　笔

1. 喷笔的简介

喷笔是（见任务 1.2.5 和任务 2.1.3）一种外观类似特大号自来水笔的工具，附带一个最多可盛装一盎司液体颜料的容器，和一条连接压缩空气和碳化煤气源的细管，喷笔可以制作出均匀的色调和色彩的层次效果，是喷枪的精巧版。

2. 喷笔的特点

喷笔是一种精密仪器，能制造出十分细致的线条和柔软渐变的效果。以前喷笔的作用是帮助摄影师和画家修改画面。但是很快喷笔的潜在机能被人们所认识，得到了广泛的应用和发展。喷笔的艺术表现力很强，惟妙惟肖，物象的刻画更是尽善尽美，独具一格，明暗层次细腻自然，色彩柔和。

3. 喷笔的应用

喷笔最大的用途是用于模型制作时的上色，由于喷笔可以将油性漆涂料均匀地喷在模型表面上，所以得到了模型高级制作者的青睐。

4. 气泵

有了喷笔，没有气压，喷笔是不会自动喷出涂料的，所以还需要能源源不断提供气压的气泵。气泵必须带有：安全放气阀、油水滤清器、压力开关。安全放气阀的作用就是保证使用安全，油水滤清器过滤气体中的水分，压力开关保证在不使用的情况下能自动停止运行，使用的时候能自行启动。喷笔、空压机组件如图 3-16 所示。

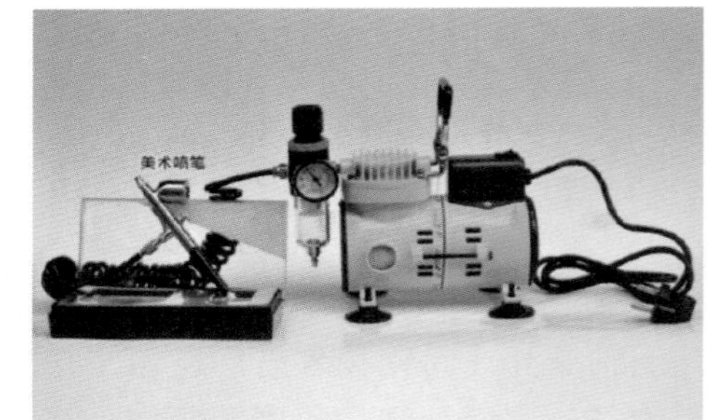

图 3-16　喷笔、空压机组件

【任务评价】

名称＿＿＿＿＿＿＿＿＿＿＿＿＿＿＿

用途＿＿＿＿＿＿＿＿＿＿＿＿＿＿＿

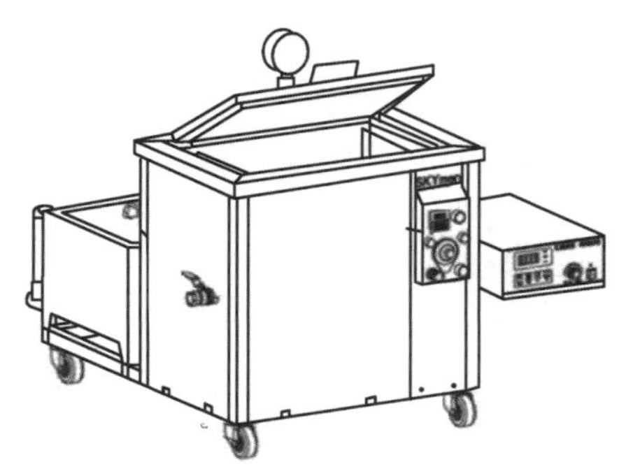

名称＿＿＿＿＿＿＿＿＿＿＿＿＿＿＿

用途＿＿＿＿＿＿＿＿＿＿＿＿＿＿＿

名称____________________

用途____________________

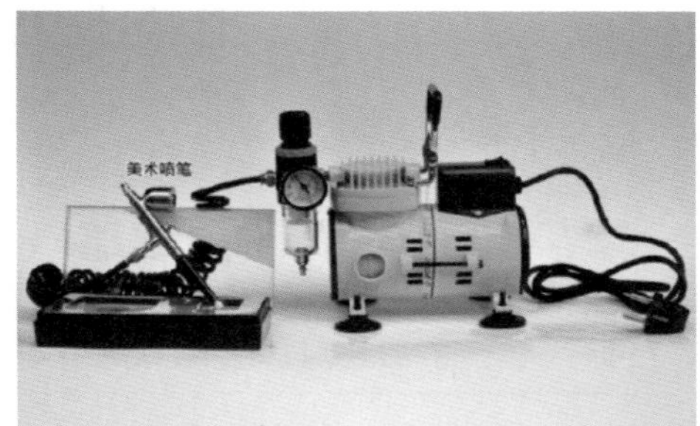

名称____________________

用途____________________

【人物风采】

大国工匠——洪家光

以精妙绝伦的手艺和孜孜不倦的钻研精神，致力于我国精密加工以及相关技术的研究，先后参与、负责国家多种型号航空发动机核心部件和工艺装备的研制。秉持着“匠人精神”，潜心钻研，一举打破了西方技术垄断的局面。

洪家光，中国航发沈阳黎明航空发动机有限责任公司车工，高级技师。

航空发动机被誉为现代工业“皇冠上的明珠”。叶片是发动机的关键承载部件。突破叶片磨削用高精度超厚金刚石滚轮制造技术迫在眉睫，于是洪家光带领团队立项攻关突破此项技术。他与团队成员仔细研究叶片的结构特点，用心揣摩，找资料、查文献、请专家、做实验，经过不断的潜心探索、科研实践，他的团队自主研发出航空发动机叶片磨削用金刚石滚轮制造技术。成果应用后，使航空发动机叶片加工质量、加工合格率有效提升，先后得到了业内专家的高度评价，为航空发动机自主研发提供了强有力的技术支撑。

在某型号发动机的攻关期间，公司为了满足国家的需求，号召员工大干。洪家光以身作则响应号召，第一个把行李搬到工厂支援大干。一干就是两个月，大家都说他是“厂里的拼命三郎、工作疯子”。

凡是遇到棘手的问题，洪家光总是喜欢坐下来思考研究，挖空心思想方法、找捷径。他擅于采用先进的加工方法，充分发挥设备、刀具的加工能力。20 年来，他共完成了 200 多项技术革新，解决了 340 多个技术难题。

责任不容我们懈怠，使命不容我们停歇。洪家光秉持和坚定“国为重、家为轻、择一事、忠一生”的信念，不辱使命，坚定不移地用实际行动践行习近平新时代中国特色社会主义思想，以坚实的韧性、实干的精神和恒久的信念，戮力拼搏，不断创新，努力打造强劲的“中国心”，放飞心中的蓝天梦想，为实现“中国梦”“强军梦”“动力梦”而不懈奋斗！

想一想：阅读大国工匠洪家光的事迹，谈一谈作为青年一代如何践行习近平新时代中国特色社会主义思想？

任务 3.3 SLA 光固化打印产品后处理工艺过程

【学习目标】

技能目标：能够熟知光固化打印产品后处理方法。
知识目标：了解后处理工艺流程及操作方法。
素养目标：培养学生按照工艺流程进行操作的能力。

【任务描述】

熟悉模型后处理工序、常用工具及设备，如铲刀、砂纸、砂棒、喷笔等。

【任务分析】

要熟知光固化打印产品后处理工艺、按照各种不同工艺进行后处理操作。

【任务实施】

光固化打印机打印模型后，需要进行后期处理。通过合理的后处理工艺可以有效提高原型件的尺寸精度、强度、硬度、表面质量等性能。通常的加工方法有：分离、清洗、去支撑、固化、表面加工等。

任务 3.3.1 分离操作

分离是从平台上取下模型。模型打印完毕后，戴上口罩、手套，用刀具取下模型。取下模型需要一定的技巧，不能用蛮力撬，要有耐心，用铲刀围绕着底面四周，直到找到切入点。只要铲刀铲进底面和成形平台之间的缝隙，慢慢地继续深入，模型就很容易从成形平台分离，如图 3-17 所示。

任务 3.3.2 去支撑操作

去支撑即去除加工过程中生成的起到支撑作用的多余结构，内部支撑可不去除。使用裁剪工具，去除掉靠近模型的支撑，千万不要直接用手抠支撑，这样很容易让模型留下坑坑洼洼的洞，如图 3-18 所示。

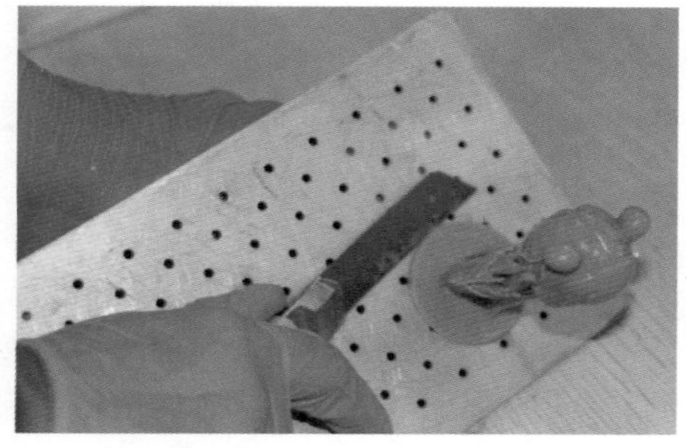

图 3-17 分离操作图

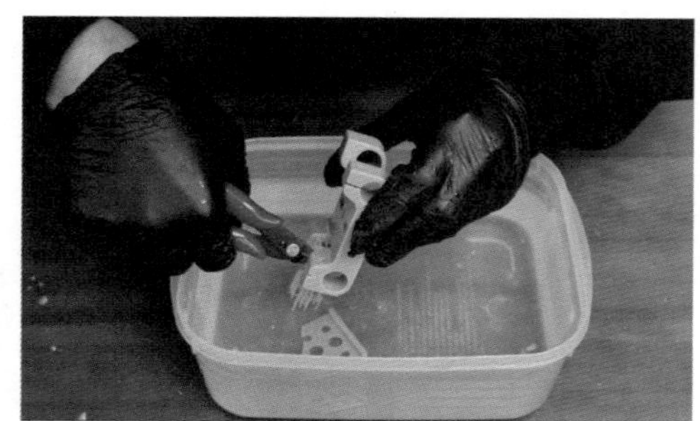

图 3-18 去支撑操作图

模型在进行分离操作后，就需要拆除支撑，支撑拆除后才能放入酒精进行清洗，拆除的支撑建议单独存放在一个垃圾桶里，如图 3-19 所示。

图 3-19　去支撑部件分类

任务 3.3.3　清 洗 操 作

清洗是指用酒精或其他有机溶剂将成形件表面残留的光敏树脂彻底洗掉。模型支撑拆除完毕后，将模型放入收纳箱内，加入酒精没过整个模型，浸泡 5min。在这个时间做好防护工作，穿工作服，戴好口罩和护目镜，然后开始用排刷清洗模型。清洗完成后，查看模型接口内是否有残余树脂，如一些螺纹柱、夹角等排刷进入不了的地方，将模型再次放入超声波清洗机内清洗，时间为 20min 左右。清洗完成后，取出模型，用气泵或风筒吹干，如图 3-20、图 3-21 所示。

清洗时收纳箱最好放置于工作台上，使工作人员保持站立状态工作，可以减少树脂在清洗过程中溅射到衣服和鞋子上，保护面部等重要部位。酒精属于易燃易爆品，必须存放于防爆箱内。

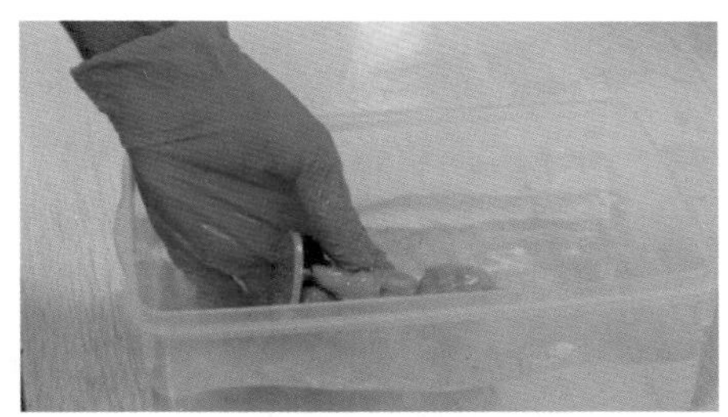

图 3-20　清洗操作

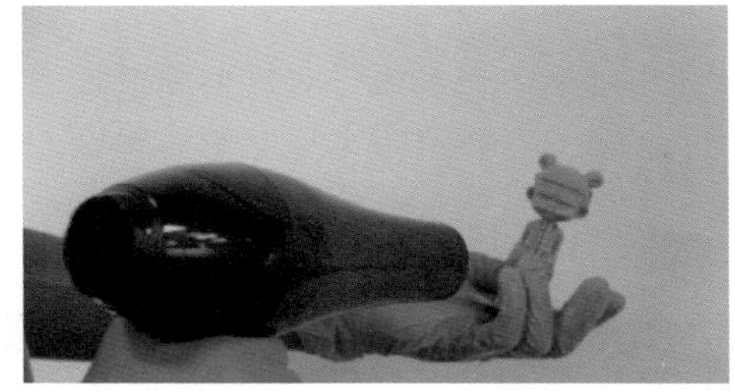

图 3-21　吹干操作图

任务 3.3.4　固 化 操 作

固化是指将树脂原型放到固化箱中进行紫外光照射，以便进一步提高原型强度。固化后的模型表面更加坚硬与干燥，这使得它们更容易打磨和喷漆。

模型用压缩空气吹干后，放入固化箱内，固化 15min 左右，然后把模型翻面再次固化 15min。使用固化箱时只要按下电源与起动开关，并设置好计时器，设备就会开始工作。

任务 3.3.5　表面加工操作

表面加工，一般是指打磨原型件表面以提高表面粗糙度和尺寸精度，特别是附着有支撑及台阶效应明显的部位。砂纸打磨和砂棒打磨分别如图 3-22、图 3-23 所示。

任务 3.3.6　上 色 操 作

对于喷漆上色的模型，先进行打磨，处理到足够的目数，一般在 1500 目左右；再分析喷漆所需的颜色，准备相应颜色的染料，高规格的模型喷漆时需用色卡来标识以准确涂装颜色，

图 3-22　砂纸打磨

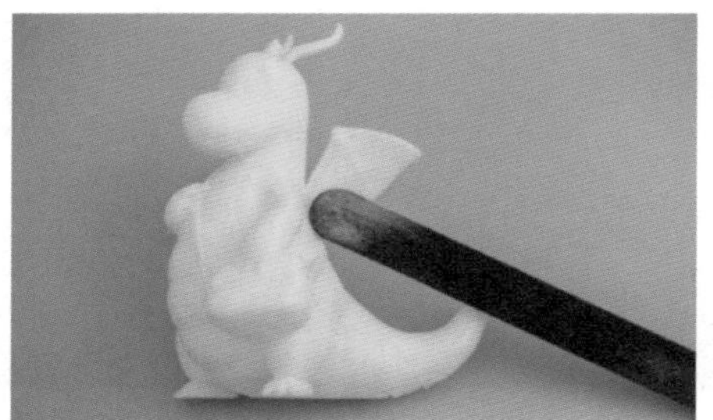

图 3-23　砂棒打磨

如图 3-24 所示。上色可以使用画笔描绘与喷笔喷涂等。

图 3-24　色卡、喷漆、染料

（1）画笔　通常用于对模型细节处进行勾勒，如图 3-25 所示。

（2）喷笔　通常用于喷涂较大区域（图 3-26）。喷笔喷涂时应根据被喷工件选择合适的涂料以及适当的黏度，根据涂料的种类、空气压力、喷嘴的大小以及被喷面的需要量来进行喷涂操作。

图 3-25　手绘上色操作

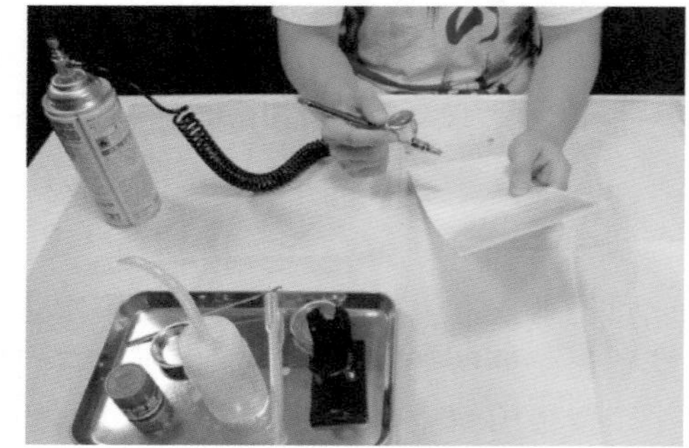

图 3-26　喷笔喷涂操作

注意：一直保持喷笔的喷嘴稍向下。

（3）喷笔喷涂的常用技巧

1）喷嘴直径一般为 0.5~1.8mm。

2）供给喷枪的空气压力一般为 0.3~0.6MPa。

3）喷嘴与被喷面的距离一般以 20~30cm 为宜。

4）喷出漆流的方向应尽量垂直于物体表面。

5）操作时每一喷涂条带的边缘应当与前一已喷好的条带边缘重叠（以重叠 1/3 为宜），喷枪的运动速度应保持均匀一致，不可时快时慢。

【任务评价】

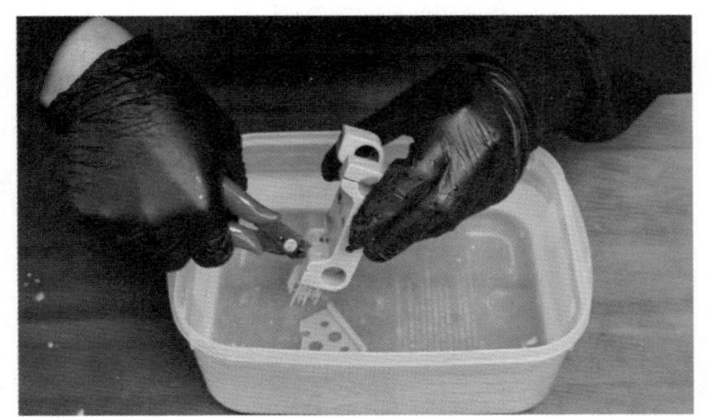

名称＿＿＿＿＿＿＿＿＿＿＿＿＿＿
用途＿＿＿＿＿＿＿＿＿＿＿＿＿＿

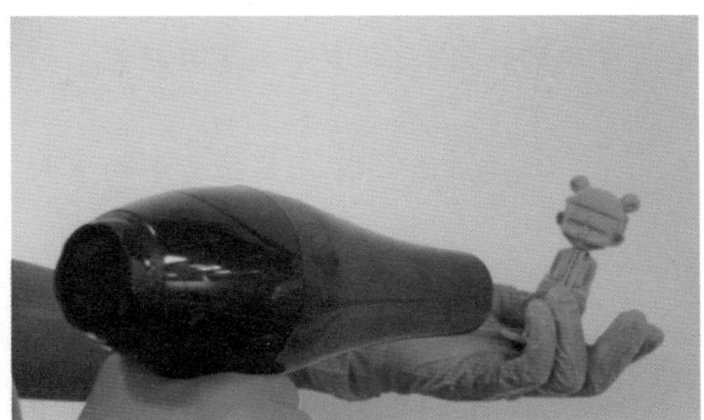

名称＿＿＿＿＿＿＿＿＿＿＿＿＿＿
用途＿＿＿＿＿＿＿＿＿＿＿＿＿＿

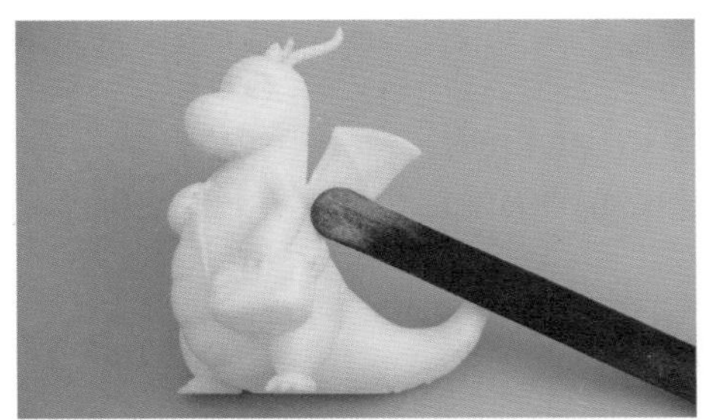

名称＿＿＿＿＿＿＿＿＿＿＿＿＿＿
用途＿＿＿＿＿＿＿＿＿＿＿＿＿＿

名称＿＿＿＿＿＿＿＿＿＿＿＿＿＿
用途＿＿＿＿＿＿＿＿＿＿＿＿＿＿

【人物风采】

大国工匠——鹿新弟

常年围着柴油发动机转，鹿新弟自创了一套快速排除柴油机故障维修法，仅通过看运行、听声音、摸机油、闻气味，就能判断出柴油机问题出在哪儿，被工友们称为柴油机故障的“克星”。

鹿新弟，道依茨一汽（大连）柴油机有限公司发动机装调工、高级技师。2015 年“全国劳动模范”荣誉称号获得者，第十三届全国人大代表。

1984 年高考落榜，他来到道依茨一汽（大连）柴油机有限公司技工学校读书，1987 年毕业后留在公司产品工程部试验室工作。他的秘诀就是要坐得住“冷板凳”。当同龄人在运动场上消耗脂肪时，他钻进资料室、黏上老师傅，增强技艺。就是凭着这股劲头，鹿新弟成了“柴油机调试大王”。

鹿新弟从小就喜欢研究车，汽车的心脏是发动机，发动机的核心又是燃油系统。当鹿新弟从技工学校毕业后，就来到公司的前身大连柴油机厂，跟着师傅学徒。发动机出厂前的调试车间，是鹿新弟工作时间最长的地方，也正是在这里，他逐渐摸清了柴油机的脾气。

“对待技术，不能人云亦云，要有自己的想法，相信自己的能力。”这是鹿新弟看待技术的观点。以往，工人调试柴油机只能凭经验，导致产品参数存在误差。如何让调试操作标准化规范化，是盘亘在鹿新弟心中的难题。鹿新弟用两年的业余时间，完善了柴油机标准化调试规范。该规范已经通过国家专利审批，对中国内燃机行业具有示范和指导意义。凭着过硬的技术和20多年的学习研究，如今，鹿新弟已是有着450项技术创新成果的“创新大王”。

想一想：阅读大国工匠鹿新弟的事迹，谈一谈他作为一名大国工匠的匠心与初心有哪些？

任务3.4 SLA光固化打印产品后处理案例

【学习目标】

技能目标：能够熟知光固化打印产品后处理工艺过程；运用综合职业能力的六步法解决工程项目中的实际问题。

知识目标：了解后处理工艺的流程及操作方法，了解COMET职业能力测评的方法。

素养目标：培养按照工艺流程进行操作的能力；通过采用COMET职业能力测评，培养自我评价的能力。

【任务描述】

跨座式单轨游览车为单轨列车的一种，属于城市轨道交通的一种制式。跨座式单轨是通过单根轨道支持、稳定和导向，车体采用橡胶轮胎骑在轨道梁上运行的轨道交通制式。采用光固化3D打印技术制作跨坐式单轨游览车模型。

收到手办模型的制作订单，制作漂亮的手办模型，通过COMET职业能力测评的方法进行测评。

【任务分析】

要熟知SLA打印产品后处理工艺、按照各种不同工艺进行后处理操作。

【任务实施】

任务3.4.1 跨座式单轨游览车模型

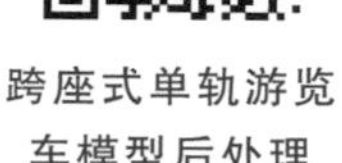

跨座式单轨游览车模型后处理

1. 建模打印

结合3D打印原理以及3D打印机的打印精度，对原车辆模型进行分析。考虑到等比例缩小后车辆模型的一部分特征将变得异常复杂、车厢壁厚过薄而无法打印成功，首先对三维模型进行处理，去除部分细节特征并增加壁厚至2mm以上。切片，打印。单轨游览车三维模型如图3-27所示。

2. 分离

部件打印完成后，戴上口罩、手套，将打印平台与打印部件一并取出，采用铲刀找到切

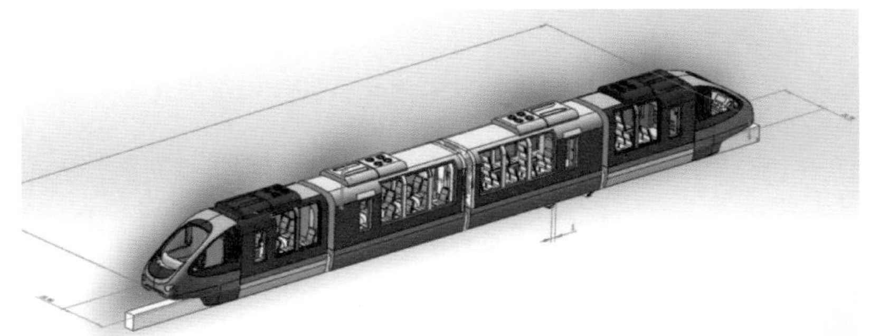

图 3-27　单轨游览车三维模型

入点，轻铲支撑底座边缘，使打印部件与平台分离，如图 3-28、图 3-29 所示。

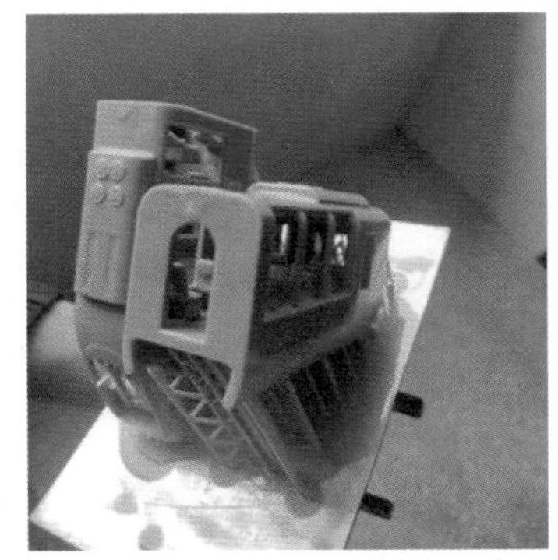

图 3-28　取出打印件

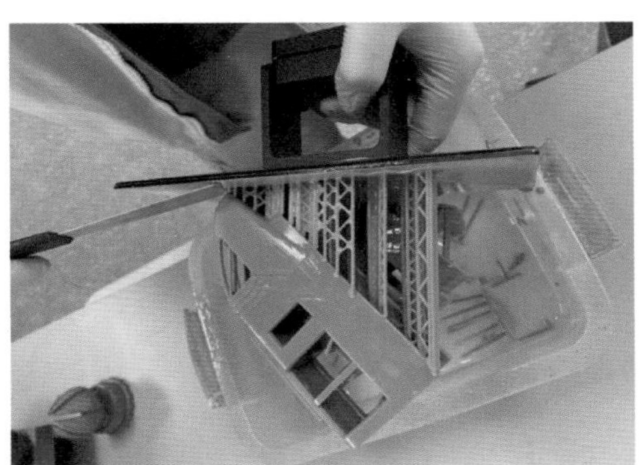

图 3-29　部件分离

3. 去支撑、清洗

（1）去支撑　在将打印模型与平台分离后，此时整个打印件上布满支撑，采用斜嘴钳剪除支撑，将剪除的支撑单独存放在一个垃圾桶中，如图 3-30 所示。

注意：在剪除支撑的过程中，不可完全贴着支撑与打印件接口处剪切，否则易出现因树脂材料过脆而去除过量，破坏打印件表面质量的问题。

（2）清洗　本案例采用最新型可水洗树脂打印，且结构无死角易清洗，故直接用清水冲洗。如采用普通树脂材料打印，需用酒精进行喷洗或超声波清洗机清洗。清洗后效果图如图 3-31 所示。

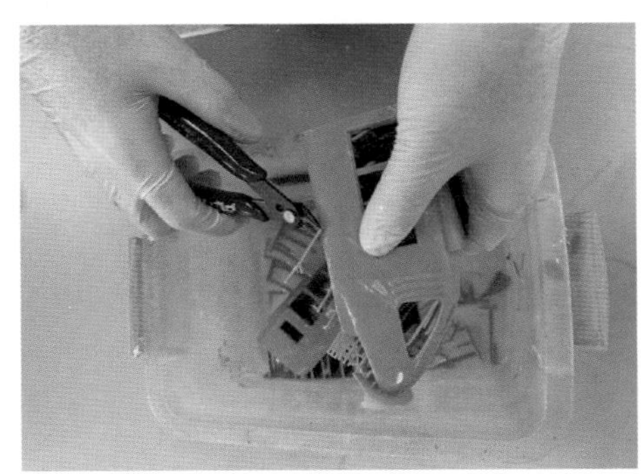

图 3-30　去支撑

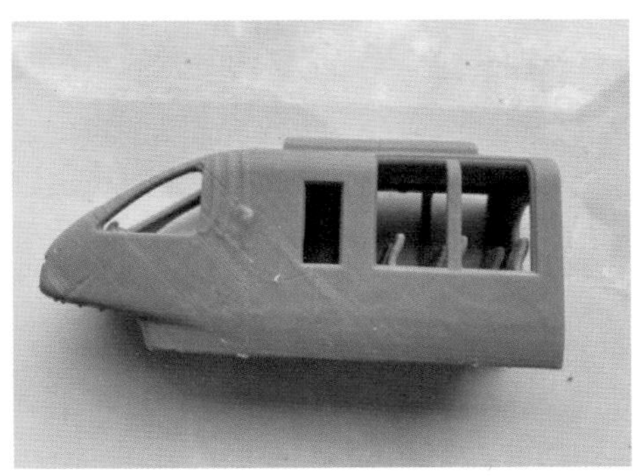

图 3-31　清洗后效果图

4. 固化、打磨

上一步对打印模型进行了去支撑、清洗操作，此时可以发现模型主体材料的质地仍较柔软，无法对模型进行打磨，故需将打印模型放入固化箱进行二次固化 5~15min（若无固化箱可将模型放在阳光下照射固化，但固化时间较长）。

（1）初步打磨　打印模型固化完成后，采用粗砂纸对模型进行初步打磨，磨平模型上的凸起瑕疵，如图 3-32 所示。

（2）细节部位打磨　采用电动打磨工具打磨细节部位，并清洗，如图 3-33 所示。

（3）细打磨　用 600~800 目砂纸对模型进一步打磨、清洗，得到表面较为光滑的打印模型，如图 3-34 所示。

由于本案例车辆模型对外观质量要求极高，故最后采用 1200~2000 目砂纸沾水再次对模型进行打磨、清洗。最后得到光滑的汽车模型，如图 3-35 所示。

图 3-32　初步打磨

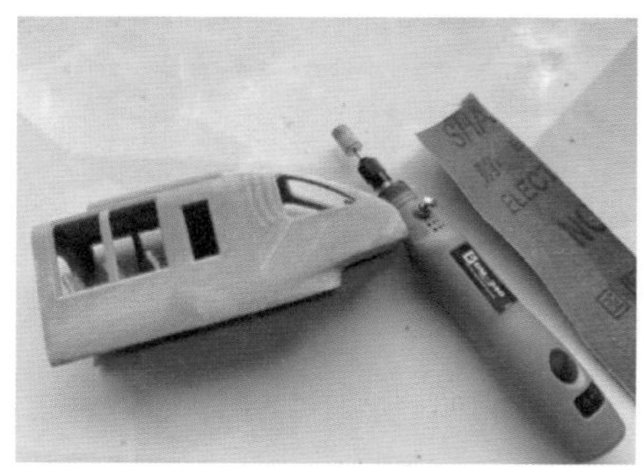

图 3-33　细节部位打磨

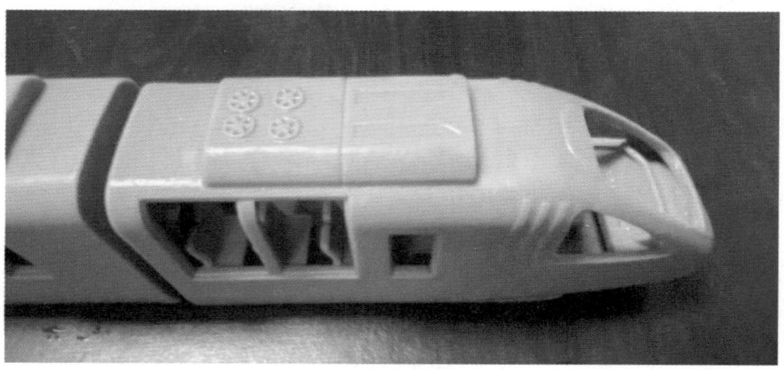

图 3-34　细打磨后模型

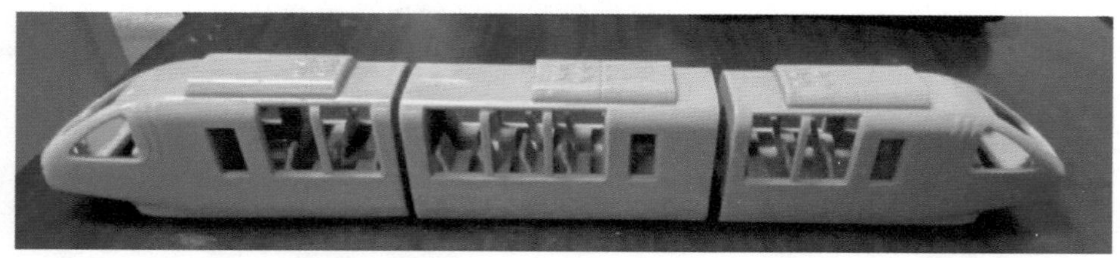

图 3-35　光滑的汽车模型

5. 上色

根据该车的涂装设计要求，分析喷漆所需的颜色，准备相应颜色的油漆。采用潘通色卡最终选定油漆颜色，本案例车辆模型中：外观交通黄对应潘通 115U，外观群青蓝对应潘通 2935U，内装颜色对应潘通 5305U。

（1）零件预处理　对于喷漆上色的模型，需进行打磨，处理到足够的目数，一般在 1500

目左右，再彻底清洗。案例中车辆模型已打磨到2000目左右，进行上色处理。打磨，是为了增加油漆附着力；清洗，是为了洗去油污，让漆面平整自然没有缩孔（所谓缩孔就是零件表面存在的污渍使此处表面张力过大，油漆不附着在漆面上，而是形成一个小孔）。

（2）喷底漆　为了增加车辆模型表面油漆的附着力，必须在车辆模型表面喷一层底漆。

（3）喷面漆　因为油漆漆面并不是完全不透明的，所以下层的颜色对上层有影响。例如，在黑色上喷红色和在黄色上喷红色是不同的，前者暗淡（艾比安红）、后者明亮（新安洲红）。

本案例车辆模型采用郡士白色底漆，考虑蓝色油漆遮盖能力大于黄色油漆，故先整体喷涂黄色油漆，在黄色基础上进行遮盖，喷涂蓝色油漆，如图3-36所示。

（4）保护漆　通常模型要喷消光漆，也叫喷光油（即通常说的“清漆”）：一是保护漆面不被划伤、保护水贴纸；二是统一模型零件的光泽度，如图3-37所示。

图3-36　喷面漆

图3-37　喷光油

6. 组装、打包防护

对打印模型进行后处理后，使用模型胶水将各部件黏结，待模型胶水干透后放入防尘展示台，单轨游览车模型局部图和整体图分别如图3-38、图3-39所示。

图3-38　单轨游览车模型局部图

图3-39　单轨游览车模型整体图

任务 3.4.2 动漫人物手办模型（COMET 应用）

1. 任务描述

（1）情境 某创业公司计划进行动漫人物的进一步推广活动，需要做动漫角色的手办模型。公司初次进行此类活动，需要少量的特定动漫角色的手办模型，同时要求手办模型具有创新性。活动近期就要举行，需要尽快制作出成品。公司王经理了解到 3D 打印能够满足这一需求，于是联系到运用 3D 打印制作手办的 A 公司，商谈此项业务。

（2）任务要求 根据 COMET 职业能力模型，以符合实际的、综合的能力运用为目标，开展此项目的实践过程。

根据 COMET 职业能力模型的要求，从八个维度（直观性、功能性、使用价值、经济性、工作过程和企业流程、社会接受度、环保性、创新性）出发，按照实际生产流程，确定此项目的实施流程。项目实施流程如图 3-40 所示。

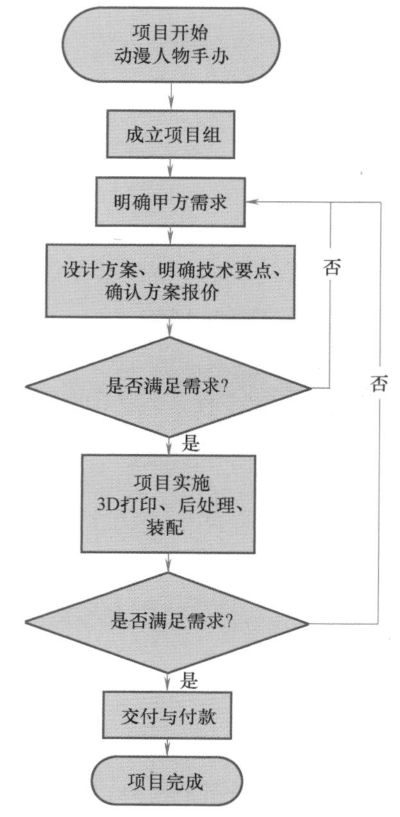

图 3-40 项目实施流程

动漫人物手办后处理

2. 准备工作

A 公司收到手办模型制作订单，项目部成立了项目经理、季工和王工为成员的三人项目组，具体分工见表 3-1。

表 3-1 项目组成员分工表

成员	项目任务
项目经理	与委托方联络，进行设计
季工	辅助设计、3D 打印、打磨
王工	上色

3. 技术方案设计

（1）方案设计思路

1）为节约成本，缩短工期，项目尽量采用库存，如 3D 打印材料、酒精、油漆等。

2）对于无库存和市场暂无供应的油漆，王工尽快调漆。

（2）技术方案

1）手办模型人物动作姿态方案。手办设计为多部分组装结构，动作姿态可调整，从人体工程学与安全方面考虑，采用罗小黑单跪姿态，单手握剑，剑模型在 3D 打印后需钝化处理。

2）手办模型底座创新设计及拓展设计。采用电动旋转底座，底座装配 LED 节能灯，做到节能环保，该方案既营造灯光氛围，也可 360°展示手办模型。

3）手办主体。手办主体采用 3D 打印，强度高，绿色环保，可降解。

（3）初步成本预算 初步成本预算见表 3-2。

表 3-2　初步成本预算

项目方案	设计费/元	3D 打印耗材费/元	上色材料费/元	人工费/元	合计/元	时限/天
创新底座	1000	100	50	1500	2650	2.5
无创新底座	500	100	50	1500	2150	2

4. 确定技术方案

经与委托方协商，决定采用无创新底座方案，该方案美观可靠，功能齐全，投入收益比最佳。据此进行造价预算，在成本费的基础上加收现场管理费 500 元，项目收费 2150+500=2650 元。

5. 进度安排方案

第 1 天：下班前完成模型建模，材料准备，晚上进行 3D 打印。

第 2 天：上午完成打磨及上色，下午季工着手准备验收材料。

6. 项目实施

第 1 天：8：30—17：30 项目经理完成 3D 建模，季工完成材料准备；18：00—次日 8：30 打印手办部件（晚上打印，充分利用时间且节能减排）。

第 2 天：8：30—9：00 季工完成打磨，王工完成油漆调色；9：00—12：00 王工完成上色；12：30—16：30 油漆晾干后准备验收。

在进行油漆作用时重点注意：

佩戴安全防护装备，如口罩、手套等；作业区贴安全标识，如严禁明火、禁止吸烟等，配灭火器；做好降尘措施，如显水；做好卫生清理工作，按规定分类回收处理垃圾。

（1）模型打印　红蜡树脂广泛应用于动画和珠宝行业，细节表现非常清晰，能够高度还原模拟人物和游戏角色，创造出独特的挑战性模型。本案例采用红蜡树脂材料进行手办的打印，手办打印完成模型如图 3-41 所示。

图 3-41　手办打印完成模型

（2）超声波清洗机清洗　将打印好的零件全部取出，整个放入超声波清洗机中进行清洗，清洗溶液采用 95%酒精溶液，如图 3-42、图 3-43 所示（清洗步骤也可在铲下模型前进行）。

（3）分离　使用超声波清洗机清洗完毕后，取出模型，采用铲刀将整个模型从打印平台上分离开来，如图 3-44 所示。

（4）去支撑、固化　采用剪刀剪除支撑，将手办的各个零件依次取下，如图 3-45 所示。全部零件取下后放入固化箱进行二次固化。

图 3-42　超声波清洗机清洗过程

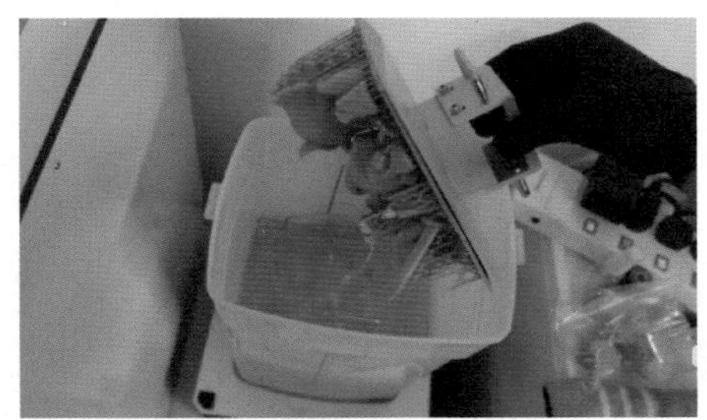

图 3-43　取出模型

（5）粗打磨　在去支撑的过程中，每个支撑会留下残余瑕疵，同时，由于打印精度等原因，各个打印零件会有或多或少的瑕疵。使用剪切好的合适大小 400 目砂纸对各个打印零件

图 3-44　分离模型

图 3-45　各部件去支撑

表面进行打磨，如图 3-46 所示。使用电动打磨工具对打磨工作量较大的区域进行打磨，如图 3-47 所示。

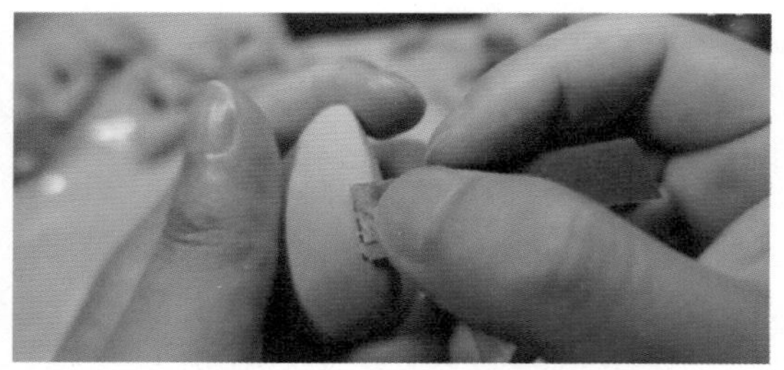
图 3-46　粗砂纸打磨过程

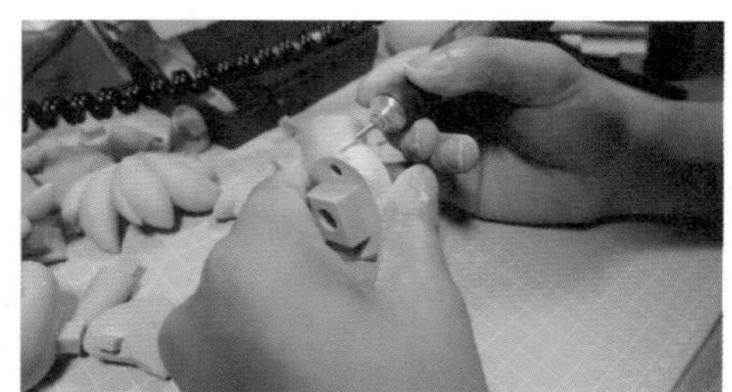
图 3-47　电动打磨工具打磨过程

（6）水补土喷涂　采用配套溶剂按照使用说明稀释水补土，装入喷笔中，再使用夹子夹住各个零件进行全方位喷涂，如图 3-48、图 3-49 所示。待水补土晾干后，可发现许多瑕疵显露出来，如图 3-50 所示。

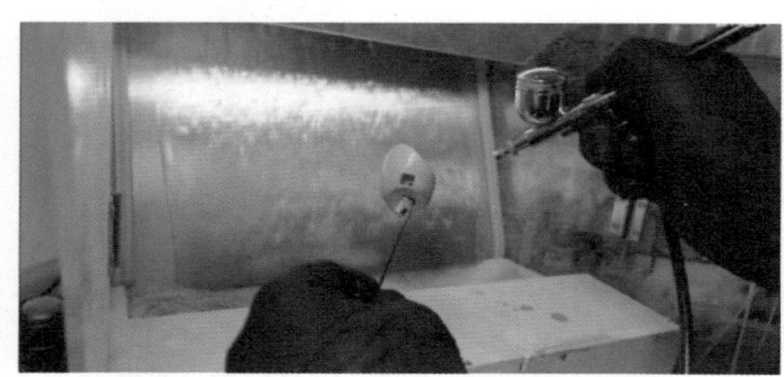
图 3-48　喷涂水补土（手办头部）

图 3-49　喷涂水补土（武器）

（7）打磨　使用剪切好的合适大小 400～800 目砂纸对各个打印零件表面进行打磨，如图 3-51 所示。打磨完成后，模型装配后整体效果如图 3-52 所示。

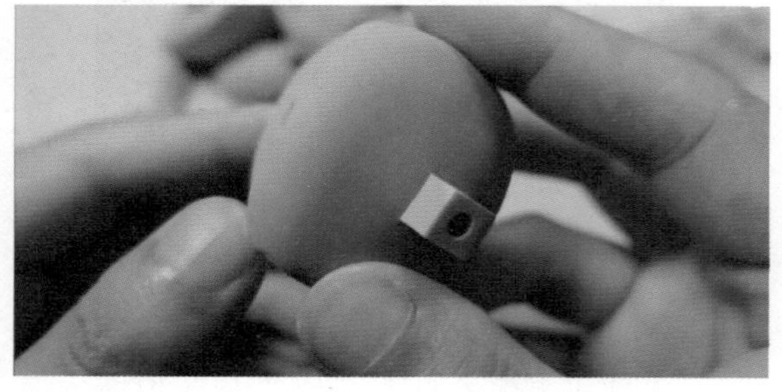
图 3-50　表面细微瑕疵显现

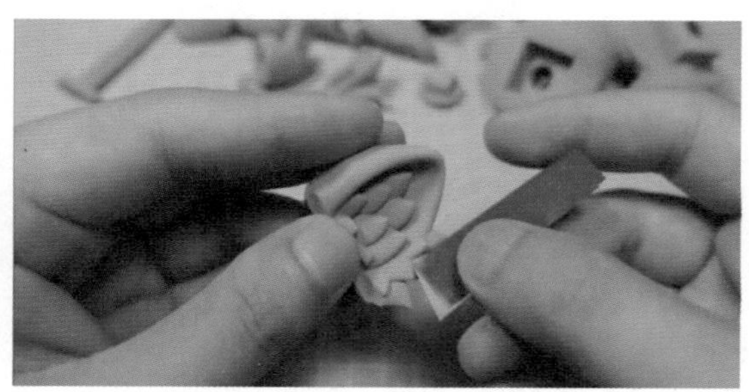
图 3-51　表面细微瑕疵打磨

（8）喷涂水补土、精打磨　再次采用上面的水补土喷涂方法对各个零件进行水补土喷涂，晾干，如图 3-53 所示。

图 3-52　打磨后整体效果

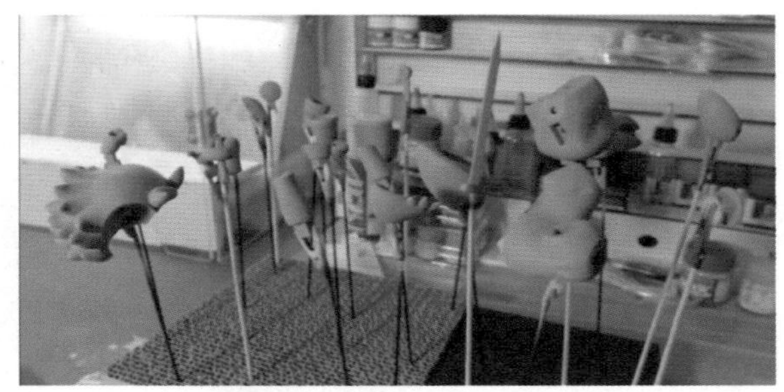
图 3-53　整体水补土喷涂完成

使用剪切好的合适大小 800~1500 目海绵砂纸对各个零件表面进行打磨，如图 3-54、图 3-55 所示。打磨完成后，模型装配后整体效果如图 3-56 所示。

图 3-54　裁剪海绵砂纸

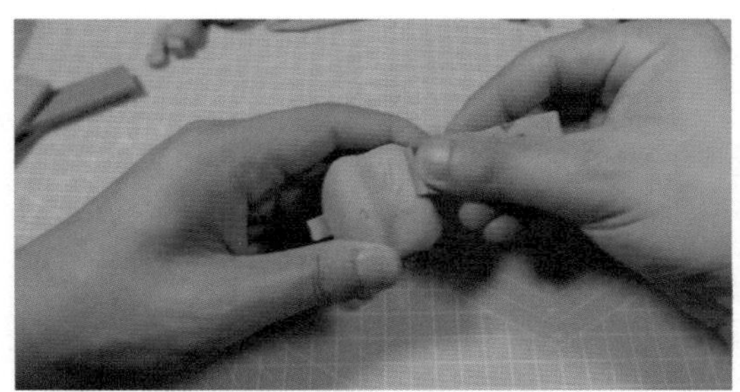
图 3-55　海绵砂纸精打磨

（9）上色　在对手办的各个部件进行了精打磨之后，开始进行手办上色。首先，根据颜色需求调好油漆，将油漆倒入喷笔中，开始喷涂上色，如图 3-57~图 3-59 所示。完成喷笔喷

图 3-56　精打磨后整体效果

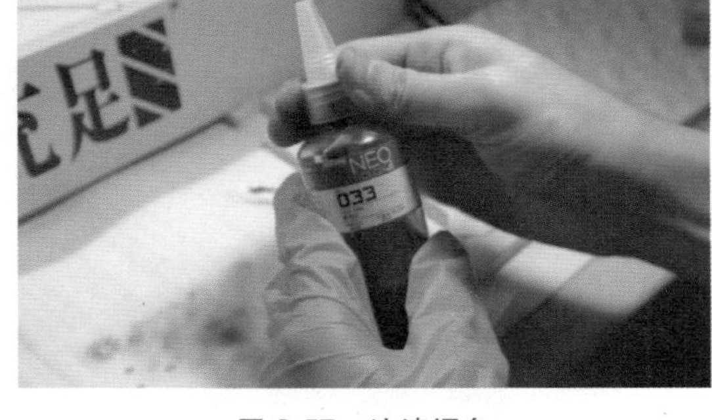

图 3-57　油漆调色

图 3-58　填充油漆

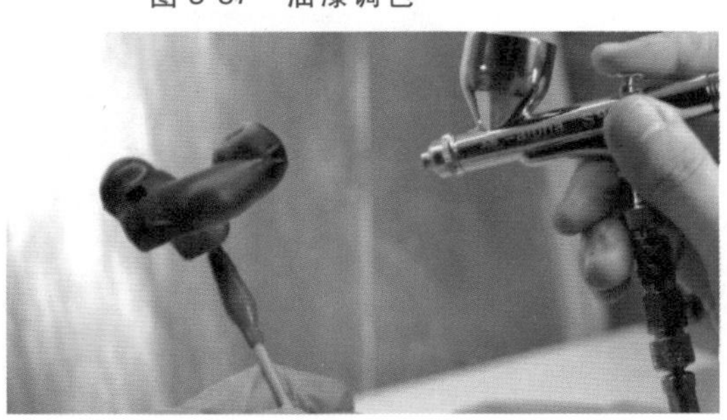
图 3-59　喷漆上色

涂上色后，晾干油漆，再采用画笔对眼睛、眉毛、嘴唇等细节特征部位进行描绘，如图 3-60、图 3-61 所示。

图 3-60 画笔描绘（眼睛特征）

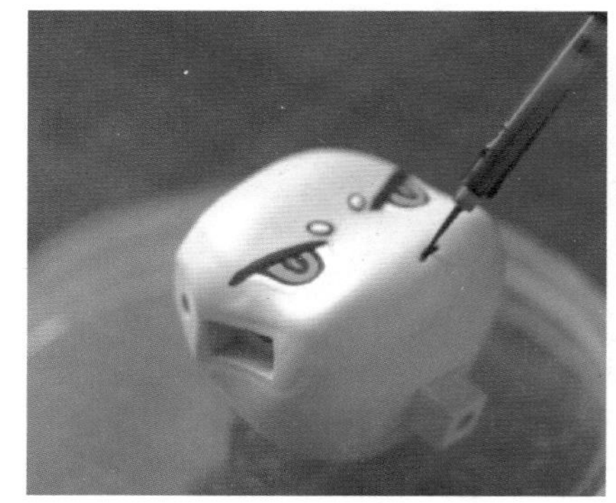
图 3-61 画笔描绘（嘴唇特征）

（10）组装 完成手办模型的各个部件上色后，晾干，对手办进行组装，如图 3-62 所示。组装完成后，最终动漫人物手办总体效果如图 3-63 所示。

图 3-62 部件组装

图 3-63 动漫人物手办总体效果

7. 验收交付

请委托方、验收方双方签署验收单，把含有注意事项等内容的使用说明书交付给客户，并提供后续维修和保养服务的方案。

【任务评价】

1. 后处理回顾练习

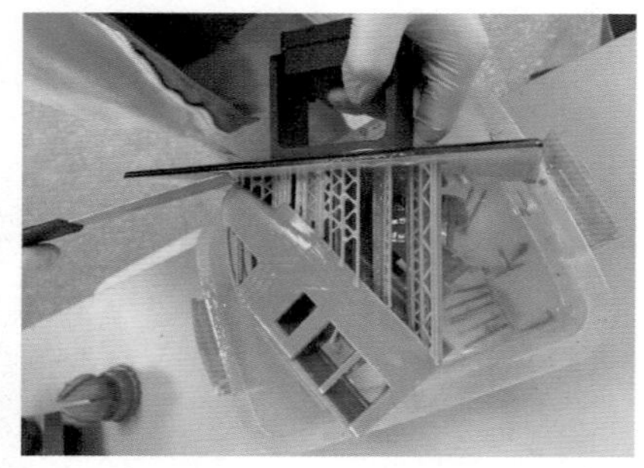

名称______________________
用途______________________

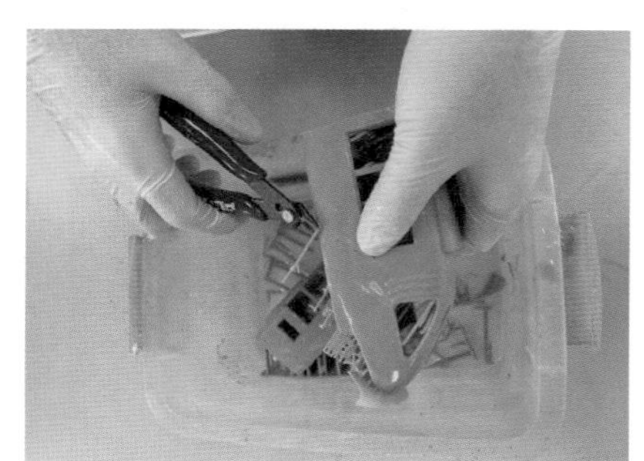

名称______________________
用途______________________

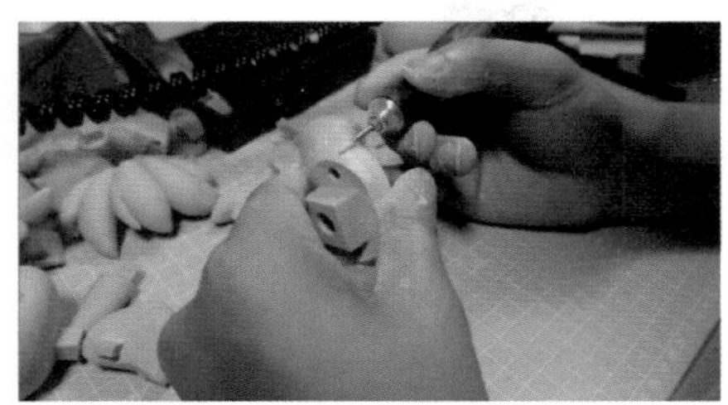

名称______________　　名称______________

用途______________　　用途______________

2. 职业能力评价

根据整个项目的实施方案，用 COMET 职业能力测评进行评价。每个观测评分点设有“完全不符合”“基本不符合”“基本符合”和“完全符合”四个档次，对应得分为 0、1、2、3 分。

一级能力	二级能力	序号	评分项目说明	完全不符合	基本不符合	基本符合	完全符合
功能性能力	(1)直观性/展示性	1	对委托方来说，解决方案的表述是否容易理解？				
		2	对专业人员来说，是否恰当地描述了解决方案？				
		3	是否直观形象地说明了任务的解决方案(如：用图表/用图画)？				
		4	解决方案的层次结构是否分明？描述解决方案的条理是否清晰？				
		5	解决方案是否与专业规范或技术标准相符合(从理论、实践、制图数学和语言)？				
	(2)功能性	6	解决方案是否满足功能性要求？				
		7	是否达到“技术先进水平”？				
		8	解决方案是否可以实施？				
		9	是否(从职业活动的角度)说明了理由？				
		10	表述的解决方案是否正确？				
过程性能力	(3)使用价值导向	11	解决方案是否提供方便的保养和维修？				
		12	解决方案是否考虑到功能扩展的可能性？				
		13	解决方案中是否考虑到如何避免干扰并且说明了理由？				
		14	对于使用者来说，解决方案是否方便、易于使用？				
		15	对于委托方(客户)来说，解决方案(如：设备)是否具有使用价值？				
	(4)经济性	16	实施解决方案的成本是否较低？				
		17	时间与人员配置是否满足实施方案的要求？				
		18	是否考虑到企业投入与收益之间的关系并说明理由？				
		19	是否考虑到后续成本并说明理由？				
		20	是否考虑到实施方案的过程(工作过程)的效率？				

（续）

一级能力	二级能力	序号	评分项目说明	完全不符合	基本不符合	基本符合	完全符合
过程性能力	(5)工作过程导向	21	解决方案是否适应企业的生产流程和组织架构(包括自己企业和客户)?				
		22	解决方案是否以工作过程知识为基础(而不仅是书本知识)?				
		23	是否考虑到上游和下游的生产流程并说明理由?				
		24	解决方案是否反映出与职业典型的工作过程相关的能力?				
		25	解决方案中是否考虑到超出本职业工作范围的内容?				
设计能力	(6)社会接受度	26	解决方案在多大程度上考虑到人性化的工作设计和组织设计方面的可能?				
		27	是否考虑到健康保护方面的内容并说明理由?				
		28	是否考虑到人体工程学方面的要求并说明理由?				
		29	是否注意到工作安全和事故防范方面的规定与准则?				
		30	解决方案在多大程度上考虑到对社会造成的影响?				
	(7)环保性	31	是否考虑到环境保护方面的相关规定并说明理由?				
		32	解决方案中是否考虑到所用材料是否符合环境可持续发展的要求?				
		33	解决方案在多大程度上考虑到环境友好的工作设计?				
		34	是否考虑到废物的回收和再利用并说明理由?				
		35	是否考虑到节能和能量效率的控制?				
	(8)创造性	36	解决方案是否包含特别的和有意思的想法?				
		37	是否形成一个既有新意同时又有意义的解决方案?				
		38	解决方案是否具有创新性?				
		39	解决方案是否显示出对问题的敏感性?				
		40	解决方案中,是否充分利用了任务所提供的设计(创新)空间?				
小计							
合计							

【人物风采】

大国工匠——艾爱国

攻克各种焊接难题207个，改进焊接工艺34项，成功率达到100%，创造直接经济效益2500多万元，因而获得“焊神”“焊王”“焊界一杰”等美称。

艾爱国，工匠精神的杰出代表，秉持“做事情要做到极致、做工人要做到最好”的信念，在焊工岗位奉献50多年，集丰厚的理论素养和操作技能于一身，多次参与我国重大项目焊接技术攻关，攻克数百个焊接技术难关。作为我国焊接领域“领军人”，倾心传艺，在全国培养焊接技术人才600多名。他的高超技术和无私奉献精神，受到党和人民的称赞。

在 1984 年~1997 年的 13 年中，艾爱国先后获得国家科技进步二等奖、全国职工自学成才奖、全国五一劳动奖章，是湖南省特等劳动模范、湖南省技术能手、湖南省十佳杰出职工和全国劳动模范、全国技术能手。1998 年被评为全国十大杰出工人，当选为第九届全国人大代表、中共十五大代表。在 2021 年中国共产党成立 100 周年之际，艾爱国被颁授“七一勋章”这一党内的最高荣誉！受到习近平总书记亲切接见。

艾爱国是爱岗敬业的榜样，30 年如一日，以“当工人就要当好工人”为座右铭，在普通的岗位上勤奋学习、忘我工作，为党和人民做出了重要贡献。1982 年在湘潭市锅炉合格焊接考核中，以优异成绩取得气焊、电焊双合格证书，成为全市第一个焊接双合格证书获得者。此后，更是带头进行生产技术攻关，克服一个又一个难关，创造了一个又一个奇迹。1983 年，参加了冶金部为延长高炉风口的使用寿命，组织全国各大钢铁厂研制一种新型风口的攻关。这种新型风口是纯铜锥型体，重 100 多 kg，由铸件和锻件组成。纯铜焊件散热快，温度不易掌握，是最难焊的一种金属，加之焊件大，铸件、锻件的材质结构不同，因此，铸件和锻件的焊接成了攻关的最大难题。他大胆提出采取氩弧焊接法进行焊接攻关，并担任主焊手。经过几个月的反复焊接试验，于 1984 年 3 月研制成功，安装到高炉上，使高炉风口的寿命比原风口延长半年，每年节能增效 100 万元，获得国家科技进步二等奖。

1987 年，艾爱国应首钢之邀采取“双人双面焊”新工艺，为该公司解决了安装特大型氧机的焊接难题，被首钢人称为“钢铁缝纫大师”。1991 年，他采取双面焊法为湘乡啤酒厂焊补好两口进口铜锅。据不完全统计，艾爱国已为该公司和外单位攻克各种焊接难题 207 个，改进焊接工艺 34 项，成功率达到 100%，创造直接经济效益 2500 多万元，因而获得“焊神”“焊王”“焊界一杰”等美称。

他没有把自己掌握的技术和知识当成个人挣钱的资本，而是无私地传授给自己的徒工，无保留地推广运用到外单位的生产实践中去。1994 年至 1998 年，他先后为湘钢和兄弟单位培养了气焊、电弧焊、氩弧焊优秀焊工 180 多人，为全国 7 个省市区的 24 家企业无偿解答技术难题 40 多个。

想一想：阅读大国工匠艾爱国的事迹，谈谈在他身上体现了大国工匠应具备的哪些优秀的品质？

项目4　SLM金属打印产品后处理

【思维导图】

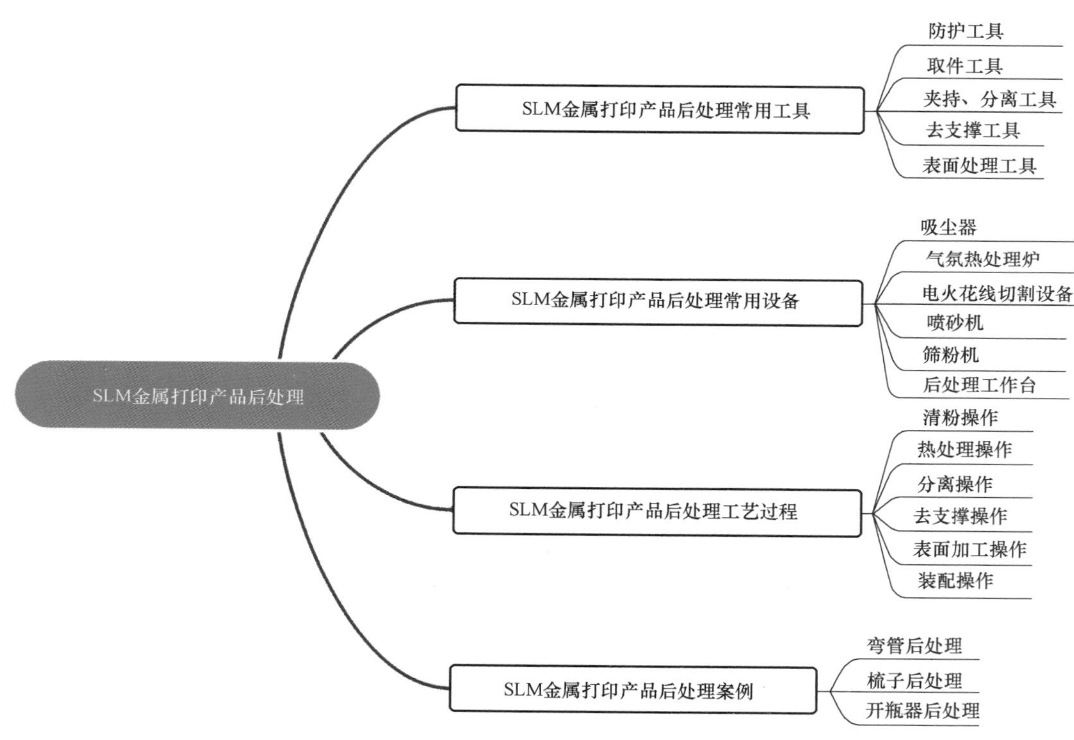

任务 4.1　SLM 金属打印产品后处理常用工具

【学习目标】

技能目标：能够正确使用常用的工具对金属打印产品进行后处理。
知识目标：了解后处理工具的作用，掌握后处理工具的使用方法和注意事项。
素养目标：培养按照操作规范使用工具的能力。

【任务描述】

1. 认识并使用金属打印产品后处理常用设备，如电火花线切割机床、热处理设备、后处理工作台等设备。

2. 认识并使用常用后处理工具，如打磨机、錾子、整形锉、钳子、台虎钳。

【任务分析】

1. 认识并使用金属打印产品后处理常用设备，需要了解设备的组成、工作原理、特点及应用。

2. 认识和使用常用后处理工具，需要掌握工具的类型及应用、操作方法和使用规范。

【任务实施】

任务 4.1.1　防护工具

1. 乳胶手套

乳胶手套的具体使用方法和注意事项与项目 2 相同。

2. 防尘口罩

防尘口罩如图 4-1 所示，是从事粉尘作业和接触粉尘的人员必不可少的防护用品。主要用于含有低浓度有害气体和蒸汽的作业环境以及会产生粉尘的作业环境。由于金属打印产品是金属粉末烧结或熔化而成，在后处理过程中金属粉末容易飞扬，需要戴防尘口罩，避免吸入金属粉末，对人体造成伤害。

3. 护目镜

护目镜如图 4-2 所示，是利用改变透过光强和光谱，避免辐射光对眼睛造成伤害的一种眼镜。护目镜分为两大类，一为吸收式，一为反射式，前者用得最多。金属打印产品后处理戴护目镜主要是为了避免激光辐射对眼睛的伤害。

4. 防割手套

防割手套如图 4-3 所示，是一种很难被割破的手套，对手起保护作用。防割手套超乎寻常的防割性能和耐磨性能，使其成为高质量的手部劳保用品，可广泛用于食肉分割、玻璃加工、金属加工、石油化工、救灾抢险、消防救援等行业。

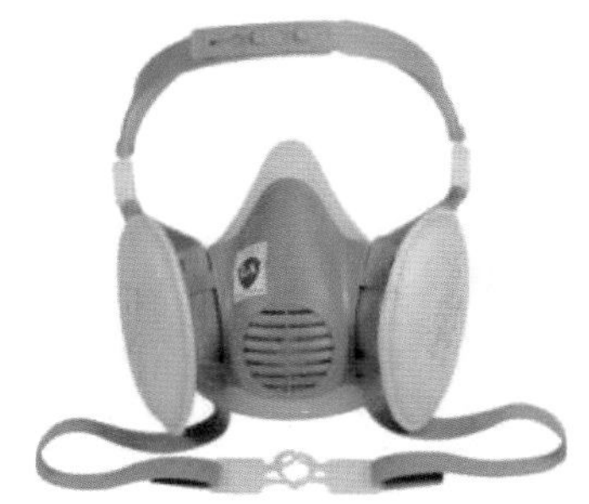

图 4-1　防尘口罩

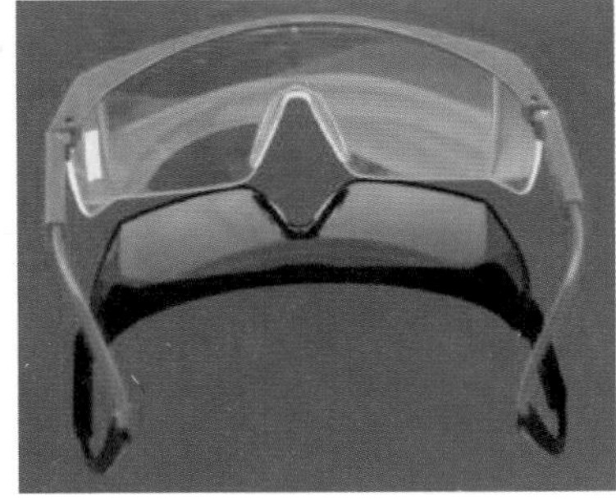

图 4-2　护目镜

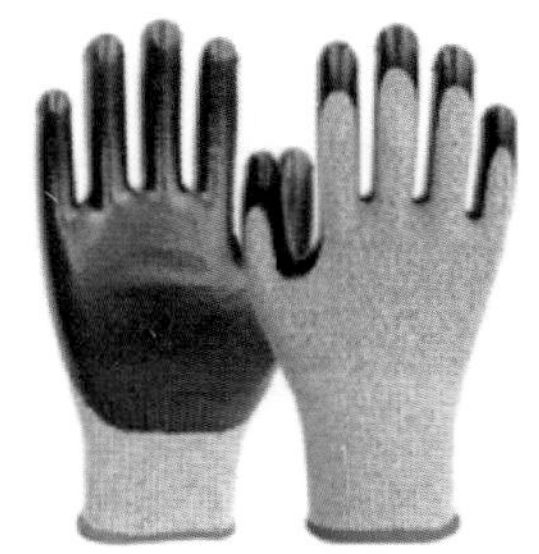

图 4-3　防割手套

任务 4.1.2　取件工具

1. 软毛刷

毛刷是工业上经常使用的工具，使用非常方便，在各行各业几乎都有应用。其主要用途是工业化生产过程中的清洗、除尘、抛光等。在金属打印件打印结束后，需要用毛刷清除打印件周围、表面及槽内的大部分金属粉末。常用的软毛刷如图 4-4 所示。

使用方法：使用手腕力量控制软毛刷朝一个方向清粉，并且速度尽量放慢，否则容易引起金属粉末飞扬，造成环境污染，危害身体健康。

注意：软毛刷朝一个方向刷；清粉时尽量放慢速度。

2. 内六角扳手

内六角扳手如图 4-5 所示。内六角扳手用于拆卸内六角螺钉，不同型号的扳手对应不同大小的螺钉头，通过扭矩施加对螺钉的作用力，拧紧或者卸下螺钉，可以降低使用者的用力强度。在金属打印产品后处理过程中，需要使用内六角扳手取下基板与工作台连接的内六角螺钉。

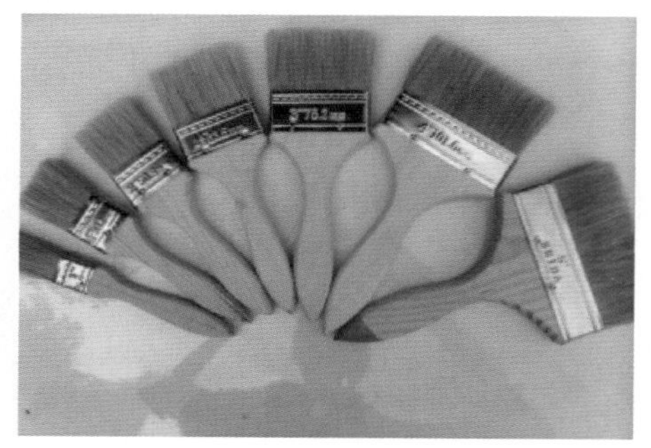

图 4-4　软毛刷

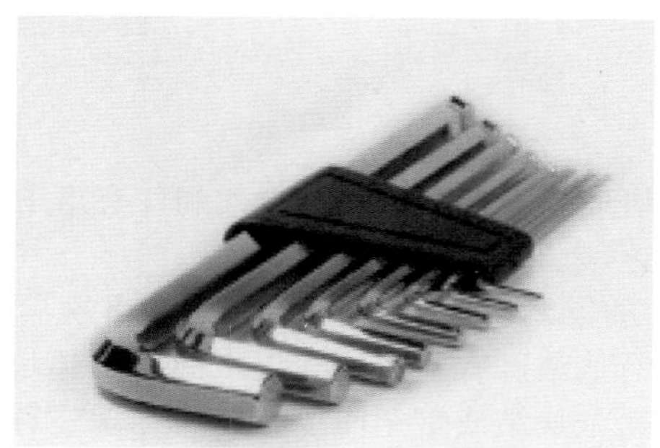

图 4-5　内六角扳手

使用方法：选择与螺钉尺寸对应的扳手规格；食指和中指夹紧手柄握把，顺时针转动为拧紧，逆时针转动为拧松。

注意：

1）不能将公制内六角扳手用于英制螺钉，也不能将英制内六角扳手用于米制螺钉，以免造成打滑而伤及使用者。

2）不能在内六角扳手的尾端加接套管延长力臂，以防损坏内六角扳手。

3）不能用钢锤敲击内六角扳手，在冲击载荷下，内六角扳手极易损坏。

4）拧紧螺钉时要量力而行，不可用力过度，使驱动杆发生扭曲变形现象。

3. 锤子

锤子是主要的击打工具，由锤头和手柄组成，锤子按照功能分为圆头锤、羊角锤、八角锤、木锤和橡胶锤。金属 3D 打印产品后处理过程中主要用圆头锤和橡胶锤。

圆头锤如图 4-6a 所示。有两个端头：一个是球形的，另一个是圆柱形的。它可以有一个金属、玻璃纤维或木制的手柄。用于塑造和打击金属。

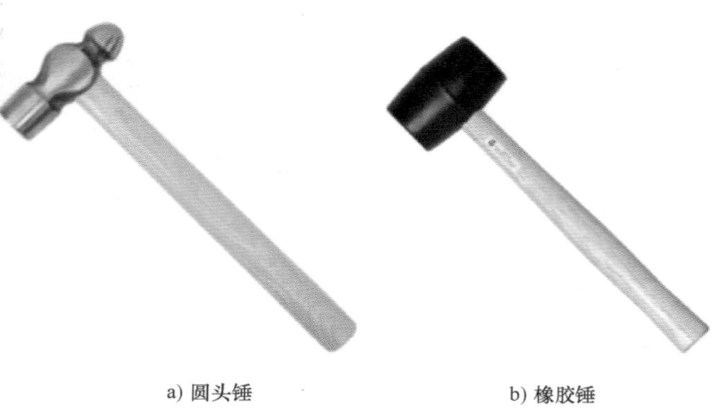

a) 圆头锤　　b) 橡胶锤

图 4-6　锤子

橡胶锤如图 4-6b 所示。橡胶锤属于消防锤的一种，锤子是橡胶材质，有弹性，主要用于敲打一些易碎的地方和安装地板砖、玻璃等，起到一定的缓冲作用。在金属 3D 打印产品后处理过程中主要用于敲击基板，进一步清除打印件缝隙的粉末。常用握锤的方法如图 4-7 所示。

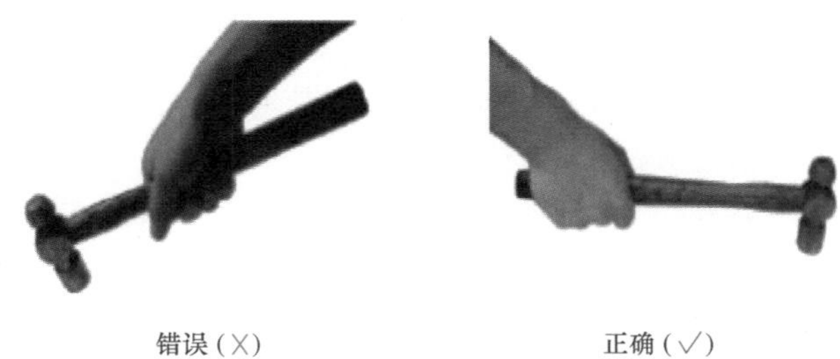

错误（×）　　　　正确（√）

图 4-7　常用握锤的方法

注意：

1）使用锤子时，切记要仔细检查锤头和手柄是否楔塞牢固，握锤时应握住手柄后部。

2）锤头与手柄连接必须牢固，凡是锤头与手柄松动、手柄有劈裂和裂纹的绝对不能使用。

3）锤头与手柄在安装孔的加楔子，以金属楔为好，楔子的长度不要大于安装孔深的 2/3。

4）为了在击打时有一定的弹性，手柄的中间靠顶部的地方要比末端稍狭窄。

5）使用时，必须注意前后、左右、上下，大锤运动范围内严禁站人，不许用大锤与小锤互打。

6）锤头不准淬火，不准有裂纹和毛刺，发现飞边卷刺应及时修整。

任务 4.1.3　夹持、分离工具

1. 台虎钳

台虎钳的具体使用方法和注意事项与项目 2 相同。

2. 活扳手

活扳手如图 4-8 所示。其开口宽度可在一定范围内调节，是用来紧固和旋松不同规格的螺母和螺栓的一种工具。活扳手包括头部和柄部两部分。头部由活动扳口、固定扳口、蜗杆和轴销构成。旋转蜗杆可调节扳口的大小。规格以长度×最大开口宽度（单位：mm）表示。活扳手主要用来旋松和拧紧螺母，在线切割机床上安装、卸下基板以及安装台虎钳时需要用可调扳手拧紧、旋松螺母。使用方法如下：

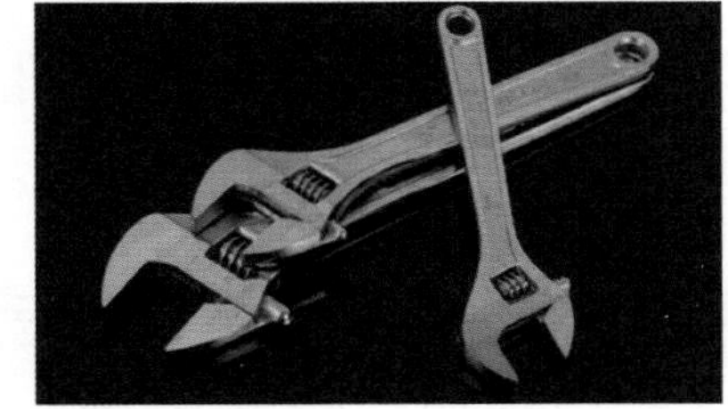

图 4-8　活扳手

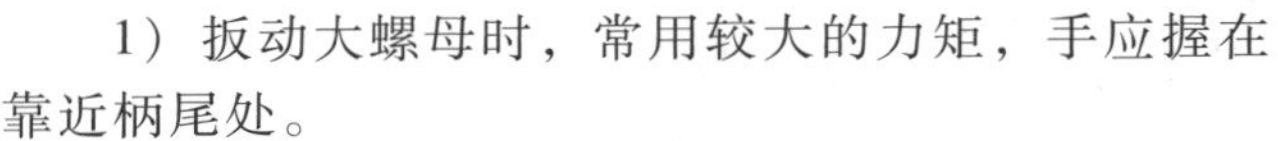

1）扳动大螺母时，常用较大的力矩，手应握在靠近柄尾处。

2）扳动小螺母时，所用力矩不大，但螺母过小易打滑，故手应握在接近扳手头部的位置。这样可随时调节蜗杆，收紧活动扳口，防止打滑。

3）活扳手不可反用，以免损坏扳口，也不可用钢管接长手柄加大力矩。

注意：

1）不论何种扳手，拉动才能获得最好的使用效果，若必须推动时，也只能用手掌来推，并且手指要伸开，以防螺栓或螺母突然松动而碰伤手指。要想得到最大的扭力，拉力的方向要和手柄成直角。

2）使用活扳手时，应根据螺母的大小选配扳手规格。使用时，右手握手柄。手越靠后，扳动起来越省力。扳动大螺母时，需用较大力矩，手应握在靠近柄尾处。

3）在使用活扳手时，应使扳手的活动扳口承受推力而固定扳口承受拉力，即拉动扳手时，活动扳口朝向内侧，用力一定要均匀，以免损坏扳手或导致螺栓、螺母的棱角变形，造成打滑发生事故。

4）在使用扳手时应避免用力过大，否则，有可能造成打滑碰伤人体。

5）扳手不得当作撬棒或锤子使用。

6）在扳动生锈的螺母时，可在螺母上滴几滴煤油或机油。在拧不动时，千万不可采用钢管套在活扳手的手柄上来增加扭力。因为这样极易损伤活动扳口或螺母，导致螺母无法取出。

7）登高作业需用扳手时，要用绳索传递，不得抛上扔下。

3. 锯弓

锯弓是用来安装和张紧锯条的工具。锯弓主要由三部分组成：框架、锯条、调节旋钮。锯弓分为固定式和可调式两种。

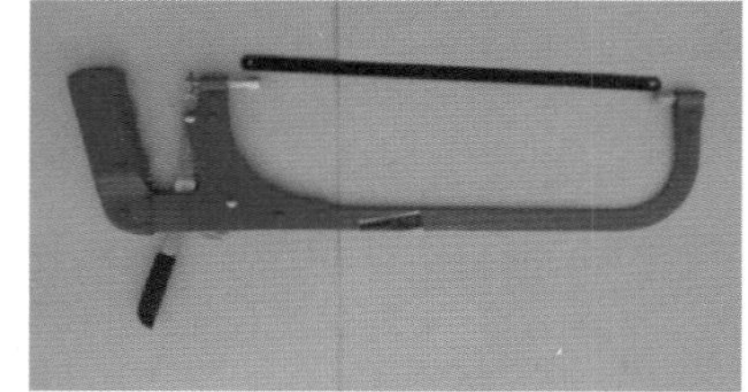

a) 固定式锯弓

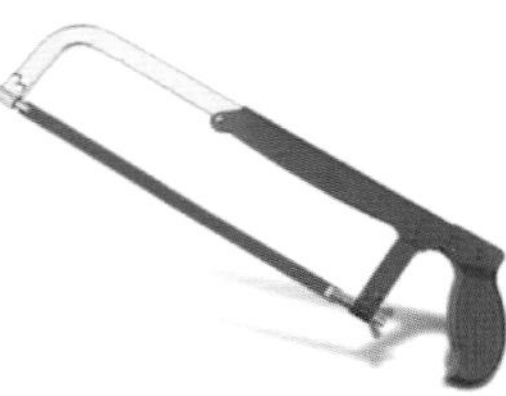

b) 可调式锯弓

图 4-9 锯弓

（1）固定式锯弓（图 4-9a） 在手柄的一端有一个装锯条的固定夹头，在前端有一个装锯条的活动夹头。

（2）可调式锯弓（图 4-9b） 与固定式锯弓相反，装锯条的固定夹头在前端，活动夹头靠近手柄的一端。固定夹头和活动夹头上均有一销，锯条就挂在两销上。这两个夹头上均有方榫，分别套在弓架前端和后端的方孔导管内。旋紧靠近手柄的翼形螺母就可把锯条拉紧。需要在其他方向装锯条时，只需将固定夹头和活动夹头拆出，转动方榫再装入即可。

使用方法：锯弓安装、锯条方向及拉锯操作，如图 4-10 所示。安装锯条时，先将锯条的两个孔套进固定柱上，再旋紧调节旋钮。锯条安装时是有方向性的，锯齿应该朝向远离手柄的一侧。工作时，一只手握紧手柄，另一只手握住弓背，腰部微弯。当向下推动锯弓时用力，向上拉动锯弓时应轻拽。

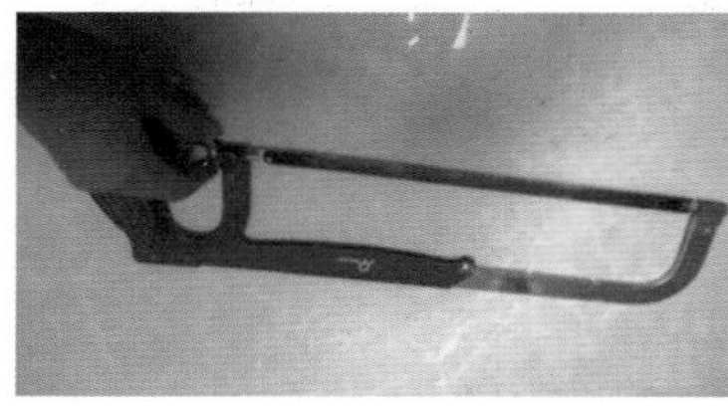

a) 安装锯条

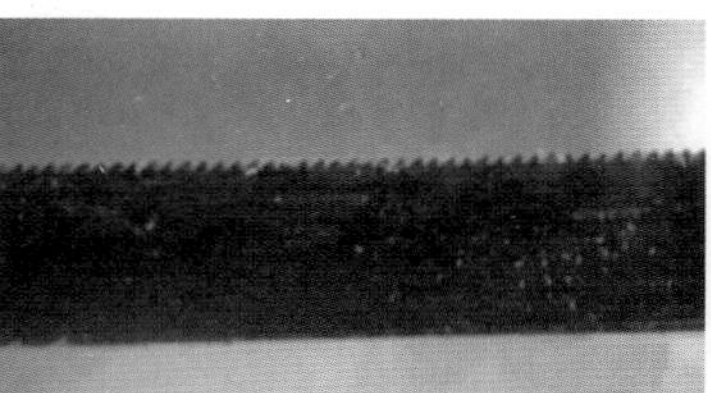

b) 锯条方向

c) 拉锯操作

图 4-10 锯弓的使用方法

4. 錾子

錾子是錾削用到的主要工具，它配合锤子一起使用，一般由工具钢锻制，具有短金属杆，在一端有锐刃，其刃部经刃磨和热处理而成。用锤子锤击錾子对金属进行切削加工的操作叫錾削。

錾子由头部、柄部及切削部分组成。头部一般制成锥形，以便锤击力能通过錾子轴心。柄部一般制成六边形，以便操作者定向握持。

切削部分则可根据錾削对象不同，分成以下三种类型：扁錾、狭錾、油槽錾。金属 3D 打印产品后处理中主要用扁錾和狭錾，分别如图 4-11a、b 所示。扁錾的切削部分扁平，用于錾削大平面、薄板料、清理毛刺等。狭錾的切削刃较窄，用于錾槽和分割曲线板料。

a) 扁錾

b) 狭錾

图 4-11　錾子

錾子的握法随錾削工件不同而不同，一般有以下三种握法：

1）正握法。手腕部伸直，拇指和食指自然接触，松紧适当，用中指、无名指握住錾子，小指自然合拢，錾子头部伸出约 20mm。这种握法适合于錾削平面，如图 4-12a 所示。

2）反握法。手心向上，左手拇指、中指握住錾子，食指抵住錾身，无名指、中指自然接触。这种握法适合于錾削小平面和侧面，如图 4-12b 所示。

3）立握法。左手拇指与食指捏住錾子，中指、无名指和小指轻轻扶持錾子。这种握法适合于垂直錾削，如在铁砧上錾断材料等，如图 4-12c 所示。

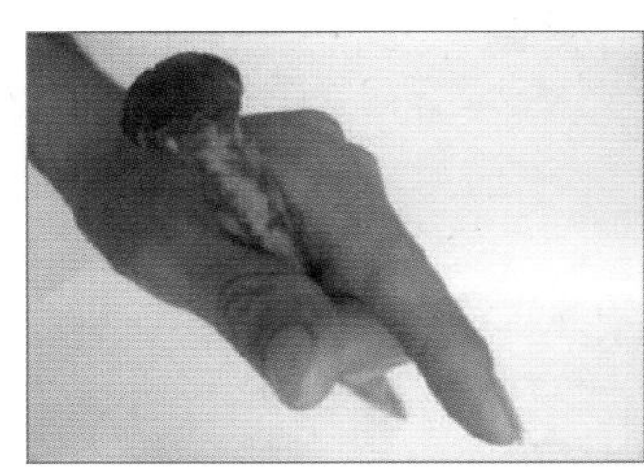

a) 正握法

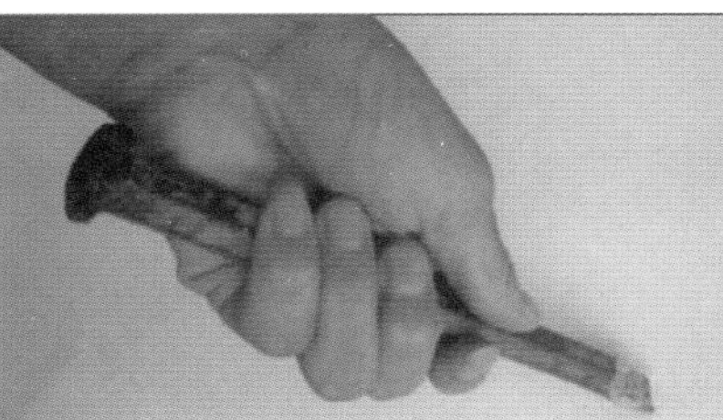

b) 反握法

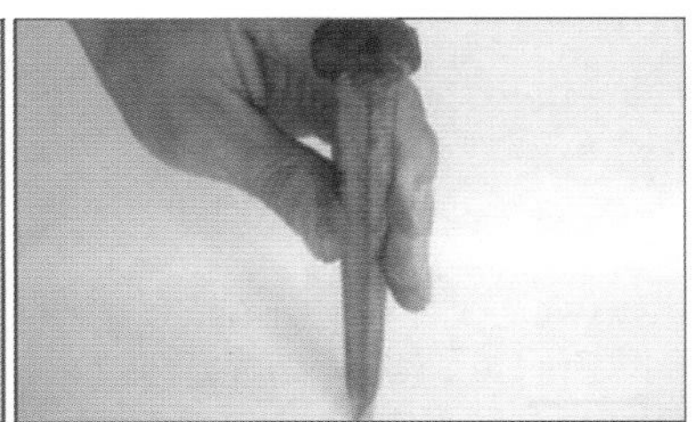

c) 立握法

图 4-12　錾子的握法

注意：

1）使用錾子时握稳握平，使用锤子锤击时，防止锤子击在手上，造成人身伤害。

2）将要完工时，应轻轻敲击，以免阻力突然消失时手及錾子冲出，碰在工件上把手划破。

3）通过錾削工具的锻炼，可以提高锤击的准确性，为装拆机械设备打下扎实的基础。

任务 4.1.4　去支撑工具

1. 斜嘴钳

斜嘴钳的使用方法和注意事项与项目 2 相同。

2. 航空剪

航空剪是铁皮剪的一种，采用强韧的合金钢刃口，适合剪铁皮、铝皮、塑料等，主要用于剪切金属薄板或者金属网片等。区别于普通铁皮剪，航空剪可根据握持的习惯分为以下三种：左剪、右剪、直剪，如图 4-13 所示。可根据被剪切材质，材料厚度，需剪切的形状，使用习惯等选择不同的航空剪。

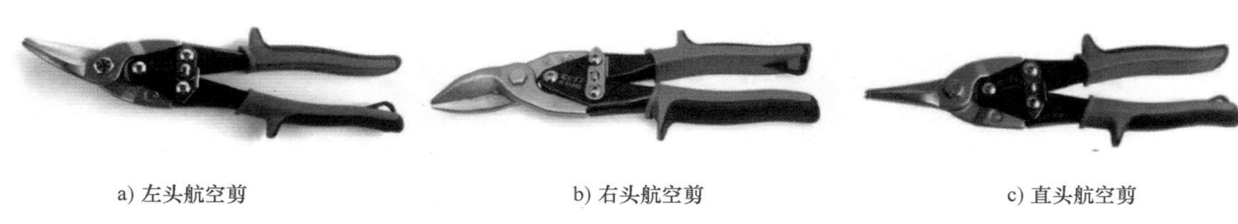

a) 左头航空剪　　b) 右头航空剪　　c) 直头航空剪

图 4-13　航空剪

任务 4.1.5　表面处理工具

1. 锉刀

金属 3D 打印产品表面处理一般用普通钳工锉和整形锉：①普通钳工锉如图 4-14 所示，用于一般的锉削加工，锉制或修整金属工件的表面和孔、槽；②整形锉的使用方法和注意事项与项目 2 相同。

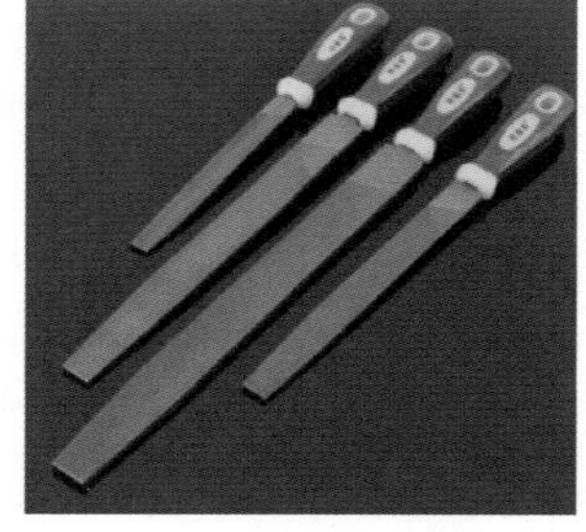

图 4-14　普通钳工锉

（1）使用方法

1）使用台虎钳夹紧工件，工件加工面距操作者下颚为一拳一肘。站立时，左脚在前，右脚在后。

2）操作者右手握锉刀柄，左手握锉刀前部。

3）操作者向前运锉时，稍向下用力。向后运锉时，稍提起锉刀，使锉刀面和工件加工面脱离接触。向前运锉时左右手各自向下用的力的大小，要以锉刀加在工件加工面上的力量大小保持恒定为准。根据这一准则，在向前运锉时，左右手各自向下用的力是不断变化的。

4）使用过程中，锉刀面始终要保持水平状态。锉刀往返的最佳频率为 40 次/min，锉刀的使用长度占锉齿面全长的 2/3。

（2）使用原则

1）禁止用新锉刀锉硬金属。

2）禁止用锉刀锉淬火材料。

3）有硬皮或粘砂的锻件和铸件，须在砂轮机上将其磨掉后，才可用半锋利的锉刀锉削。

4）新锉刀先使用一面，当该面磨钝后，再用另一面。

5）锉削时，要经常用钢丝刷清除锉齿上的切屑。

6）锉刀放入工具箱时，不可与其他锉刀重叠堆放或者和其他工具堆放在一起。

7）使用锉刀时不宜速度过快，否则锉刀容易过早磨损。

8）锉刀要避免沾水、沾油或其他脏物。

9）不允许使用细锉刀锉软金属。

10）使用整形锉时用力不宜过大，以免折断。

2. 铜丝刷

铜丝刷用于清洗硬度相对较软的镀铬金属网纹辊及凹印版辊。铜丝刷有木柄铜丝刷、平板铜丝刷、弹簧铜丝刷和铜丝毛刷辊。金属3D打印产品表面处理一般用木柄铜丝刷。木柄铜丝刷如图4-15所示，通过在木柄上植毛加工而成，一般选用波纹铜丝，分为穿透式和不穿透式两种，铜丝线径（一般为0.13～0.15mm）及排毛密度可根据客户要求定制。使用方法如下：

1）在辊体表面倒上适量的网纹辊或凹印版辊清洗剂。

2）用铜丝刷划圆，均匀清洗整个表面。

3）用清水冲洗干净。

4）用压缩空气吹干表面即可。

图4-15　木柄铜丝刷

注意：不要对铜丝刷施加过大的负荷，避免铜丝从刷子里甩出；不要来回刷，否则容易刷毛工件表面。

3. 铜皮

铜皮的作用就是将金属打印件裹住，然后再夹在台虎钳上，防止台虎钳把零件夹伤，常用的铜皮如图4-16所示。

4. 剪刀

在金属打印件后处理中，剪刀的作用就是用来剪铜皮、砂纸及容易裁剪的其他材料，根据打印件形状、大小，将铜皮、砂纸剪成所需要的形状和大小合适的尺寸。常用剪刀如图4-17所示。

图4-16　铜皮

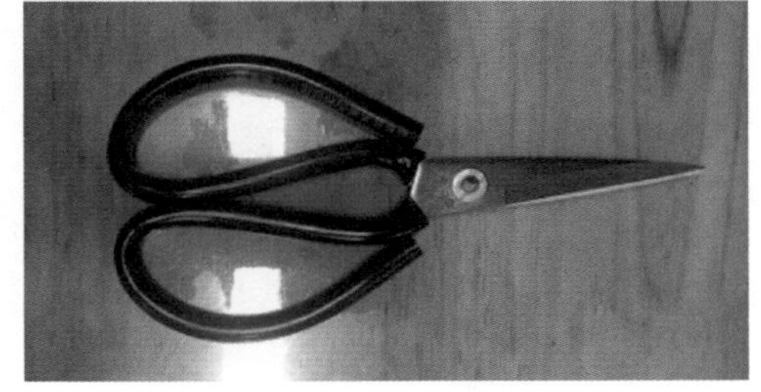

图4-17　剪刀

5. 磨石条

磨石条如图4-18所示，主要用来打磨工件，提高工件表面质量。磨石条正面最右侧数字是目数，目数越大，打磨越精细。

使用方法：用大拇指和中指拿住磨条石，食指按压在磨条石上面；放在工件需要打磨的部位，向前推动。

注意： 使用前先把磨石的棱磨掉；要朝一个方向打磨。

6. 砂纸

砂纸（图 4-19）用来打磨金属打印件，提高表面质量，常用的砂纸包括美容水砂纸和纸沙皮水砂纸，砂纸目数越大，磨粒越小，打磨后的打印件表面质量越高。

图 4-18　磨石条

图 4-19　砂纸

7. 研磨膏

图 4-20 为研磨膏，主要用于提高工件表面质量、工件亮度，抛光工件镜面，去除划痕、除锈。

使用方法：把研磨膏挤在 2000 目的砂纸或者干净的小毛巾上；研磨需要抛光、有划痕或有锈斑的地方。

注意： 研磨膏只能研磨光面；不能研磨表面有花纹的金属表面，否则会将花纹研磨掉；只能去除红色的锈，无法去除黑锈。

8. 高压机油枪

高压机油枪具有科学的制造工艺和油路设计，是全封闭无缝结构，它是利用泵塞在泵体中往复压缩，推动油阀来完成可靠的吸油和射油过程。机油枪具有压力高，射程远，密封严，故障少，经久耐用，使用方便等特点。高压机油枪分为透明机油枪和铝合金机油枪两种，如图 4-21 所示。

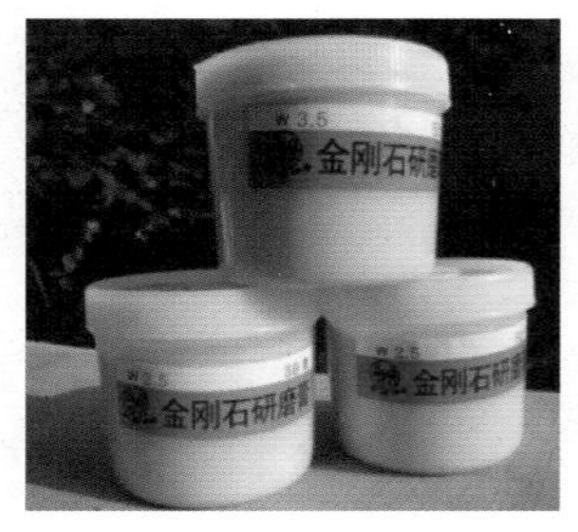

图 4-20　研磨膏

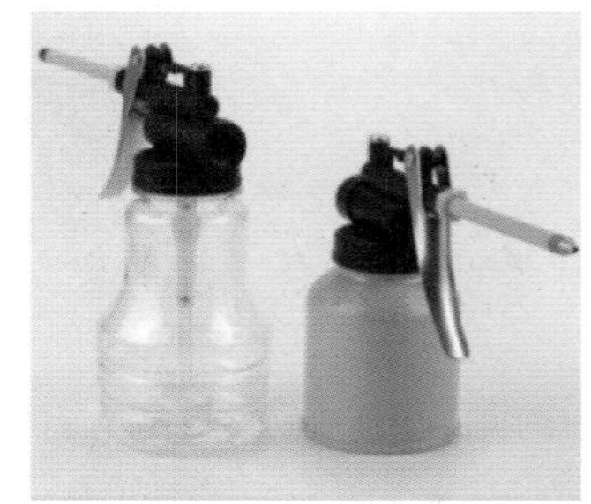

图 4-21　高压机油枪

高压机油枪适用于自行车保养、机械维修、家电维修、轴承等机械维修保养。高压机油枪使用方法如图 4-22 所示。

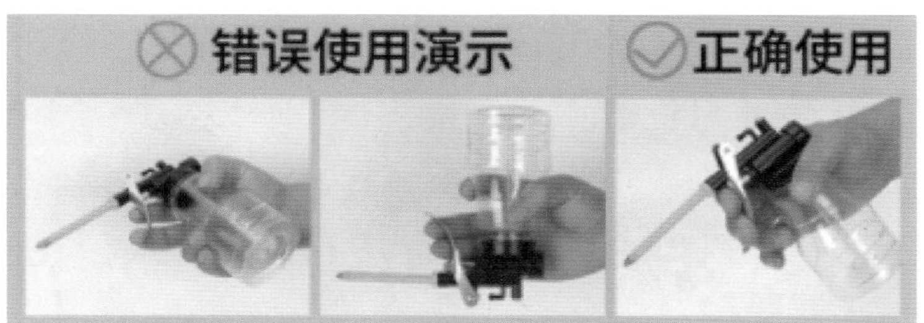

图 4-22 高压机油枪使用方法

【任务评价】

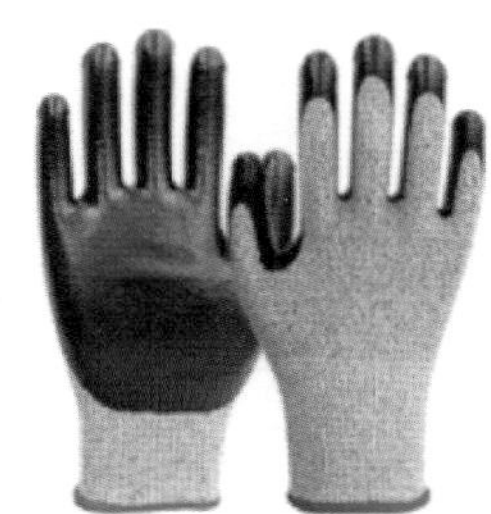

名称______________________

用途______________________

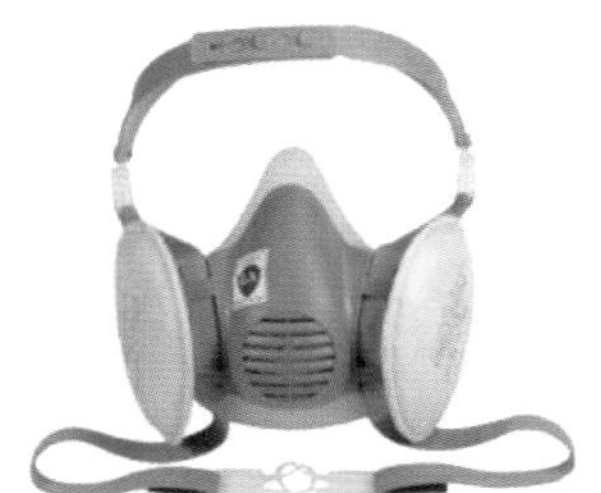

名称______________________

用途______________________

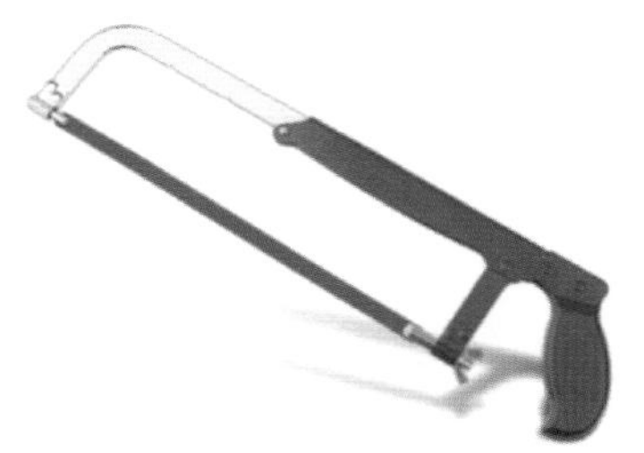

名称______________________

用途______________________

名称______________________

用途______________________

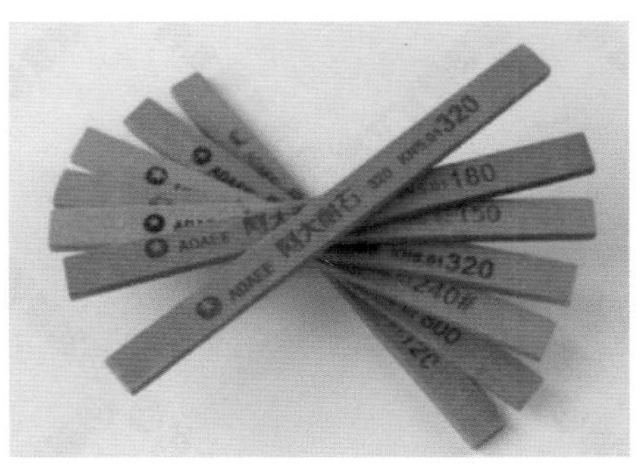

名称______________________

用途______________________

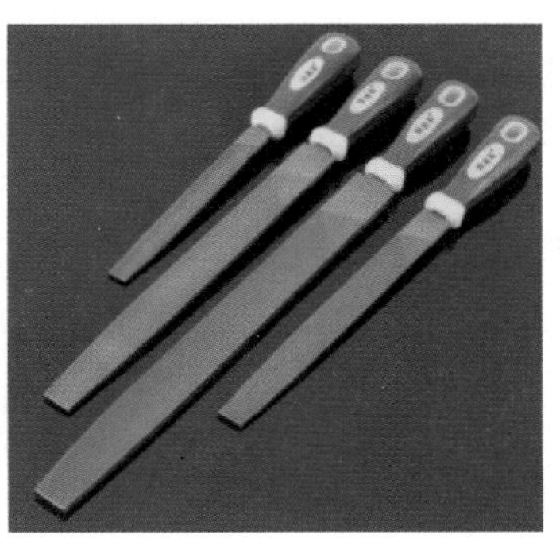

名称______________________

用途______________________

【人物风采】

大国工匠——李万君

复兴号，当今世界大规模运行的动车组列车，最高运营速度350km/h。独创一枪三焊新方法，实现了我国动车组研制完全自主知识产权的重大突破。这一枪，焊出了世界新标准，也让复兴号批量生产成为现实！

19岁的李万君职高毕业后被分配到中车长春客车厂电焊车间水箱工段，焊枪喷射着2300℃的烈焰，瞬间将钢铁融化，车间火星四溅，烟雾弥漫，声音刺耳，味道呛鼻。一年后，当初和他一起入厂的28个伙伴，25个都离职了。而李万君却说："啥活都得有人干，啥活干精了都会有出息"。他是这样说的，也是这样做的。

面对他国对我国实施高铁技术封锁战略，针对"能否一枪把这个环口焊下来"这个问题，当时已经是中车长客股份公司高级技师的李万君决心一试。凭着一股不服输的钻劲、韧劲，李万君在模型上反复演练，终于交出了合格的样品，经外方专家超声波检测和射线探伤，焊缝完美无缺。李万君还总结出"环口焊接七步操作法"，成型好，质量高，成功突破了批量生产的难题。这项令法国专家十分惊讶的"绝活"，现已成为公司技术标准。

从业30年间，李万君总结并制定了20多种转向架焊接规范及操作方法，完成技术攻关100多项，其中取得国家专利21项，填补了多项国内空白。依托"李万君大师工作室"，先后组织培训近160场，为公司培训焊工1万多人次，创造了400余名新工提前半年全部考取国际焊工资质证书的"培训奇迹"，培养带动出一批技能精湛、职业操守优良的技能人才，为打造"大国工匠"储备了坚实的新生力量。

技能报国是他终生夙愿，"大国工匠"是他至尊荣光——这正是对李万君为中国高铁事业贡献的真实写照。

想一想：读完大国工匠李万君的事迹，结合实际谈谈如何培养大国工匠？工匠精神有哪些？

任务4.2　SLM金属打印产品后处理常用设备

【学习目标】

技能目标：能够正确使用设备对金属打印产品进行后处理。
知识目标：了解后处理设备的工作原理、特点、应用、结构和使用。
素养目标：培养按照操作规范使用设备的能力。

【任务描述】

1. 掌握常用金属打印产品后处理设备的工作原理、特点、应用、结构及使用方法。
2. 认识并使用金属打印产品后处理常用设备，如吸尘器、退火炉、电火花线切割机床、筛粉机等。

【任务分析】

在对金属3D打印产品进行后处理时，首先要了解和熟悉后处理设备设施，然后按照操作规范正确使用后处理设备，从而使产品的性能指标达到要求。

【任务实施】

任务 4.2.1　吸　尘　器

吸尘器具有吸力强劲、粉尘过滤、稳定可靠、移动灵活等特点。可适用于要求连续工作，移动灵活的场合。吸尘器可使用于可燃粉尘环境，环境温度-20~40℃，正常大气压下，处于干燥无腐蚀环境，可处理可燃性粉尘、金属粉尘、需要水过滤的工况等。

1. 吸尘器的工作原理

采用一体式顶置风机结构，在风机的作用下，产生的粉尘通过吸尘口进入吸尘器后，首先进入底部的水处理结构，通过水处理结构中的导管将粉尘引至水面以下，进行一次清洁，由于重力和固液分离的作用，部分粉尘会沉降在前置水箱中，经过前置水处理结构中的过滤结构：除雾水帘——金属过滤网——干燥过滤棉，起到安全预除尘的作用。粒度细、密度小的尘粒随气流进入二级滤筒结构时，通过布朗扩散和筛滤等组合效应，使粉尘吸附在滤料的外表面。净化后的干净气体透过滤筒进入上部的净气室，由排风管经风机排出，达到安全净化的目的。

2. 吸尘器的特点

1）在能耗相同的情况下，湿式除尘器的除尘效率比干式除尘器的除尘效率高。高能量湿式洗涤除尘器清洗 0.1μm 以下的粉尘粒子，除尘效率仍很高。

2）湿式除尘器的除尘效率不仅能与袋式除尘器和电除尘器相媲美，而且还可适用这些除尘器所不能胜任的除尘条件。湿式除尘器对净化高温、高湿、高比阻、易燃、易爆的含尘气体具有较高的除尘效率。

3）湿式除尘器在去除含尘气体中粉尘粒子的同时，还可以去除气体中的水蒸气及某些有毒有害的气态污染物。

3. 吸尘器的应用

吸尘器既可以用于除尘，又可以对气体起到冷却、净化的作用，能够处理相对湿度高、有腐蚀性的含尘气体。

4. 吸尘器的结构

吸尘器设备主要由风机、电控部分、防静电滤芯、脚轮、水箱等几部分组成。图 4-23 为吸尘器结构组成示意图。

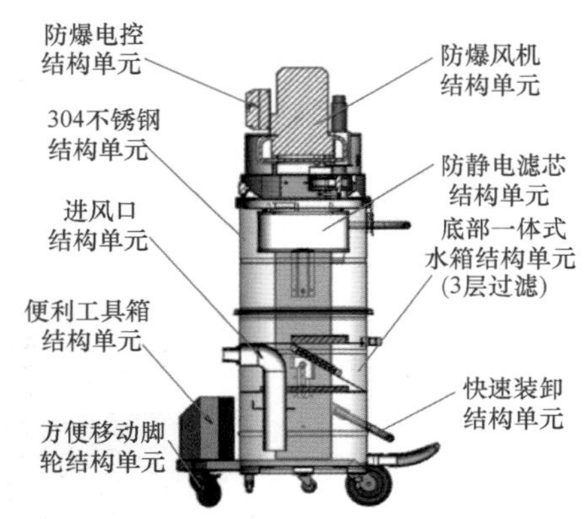

图 4-23　吸尘器结构组成示意图

（1）风机　风机结构单元由电动机和风叶组成，采用立式电动机结构，一体式紧凑设计，在保证风量负压的情况下，减少机器占地面积。电动机采用隔爆型三相异步电动机，防爆电动机（图 4-24）采用隔爆外壳把可能产生火花、电弧和危险温度的电气部分与周围的爆炸性其他混合物隔开，防爆等级达到 4 级，可满足 24h 连续作业的工况。其防护等级为 IP65，绝缘等级为 F。考虑到使用的安全性，每个电动机排风口加装有泄压阀，在吸尘器内部的气压数值达到泄压阀的设定时，泄压阀（图 4-25）会自动打开，从而防止吸尘器出现堵塞的情况。

（2）电控部分　为杜绝各种火花存在的危险性，电控开关采用粉尘防爆开关（图 4-26）。产品具有防水、防尘等特点，适用于爆炸性粉尘环境。

图 4-24　防爆电动机

图 4-25　泄压阀

（3）防静电滤芯　滤筒材质为聚酯纤维滤纸基材，表面进行镀铝膜处理，防止静电火花，覆膜处理后，对 0.3μm 粒径大小的粉尘过滤精度达 99%以上，抗阻小于 105Ω，有效防止静电积累。

（4）脚轮　吸尘器底部配置有专业工业级万向脚轮，移动及转弯灵活，轮体采用导电材质，减少静电堆积，同时减振、耐磨、耐油雾性能优良。

（5）水箱　为确保安全性，在粉尘进入机器之前，预先设计底部水箱结构，有效减少易燃易爆粉尘的浓度。前置水处理结构由 3 层过滤结构（图 4-27）组成：防水百洁垫（水帘）——金属过滤网——干燥过滤棉，有效阻止水蒸气在设备内的流动。在进风口侧边加装有液位显示管，可实时查看水箱中水的情况，通过后侧的排水阀可自行加水或排水。

图 4-26　粉尘防爆开关

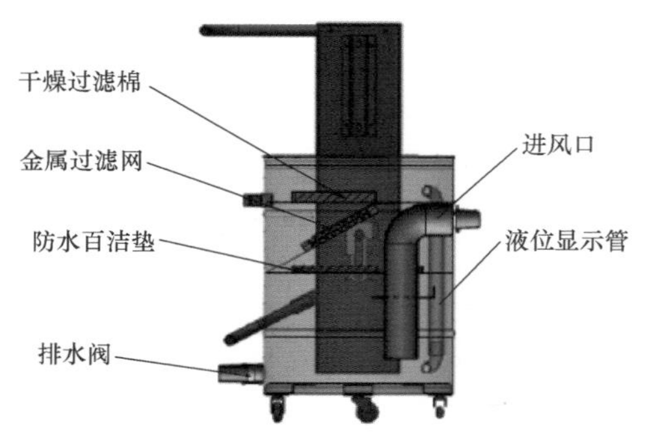

图 4-27　过滤结构

5. 吸尘器的使用

（1）起动、停止操作　连接电源，电源指示灯亮起，按下绿色起动按钮，运行指示灯亮起，机器运转，按下红色停止按钮，绿色指示灯熄灭，机器停止运转。

（2）卸灰操作　向上提起压杆，取出收集桶，拿出过滤器固定架，打开排水阀，排干净污水；清理桶内壁上的污泥，然后加水至深 260mm（刚好淹没进风口弯头安装架）；放回收集桶，向下压好压杆，如图 4-28 所示。

图 4-28　卸灰操作

（3）过滤器更换操作

1）滤筒（图4-29）更换操作。松开搭扣，拆下电动机机头，拆下滤筒与滤筒盖连接的螺钉，取出旧滤筒，放入新滤筒，装上螺钉，装上电动机机头。

图4-29　滤筒

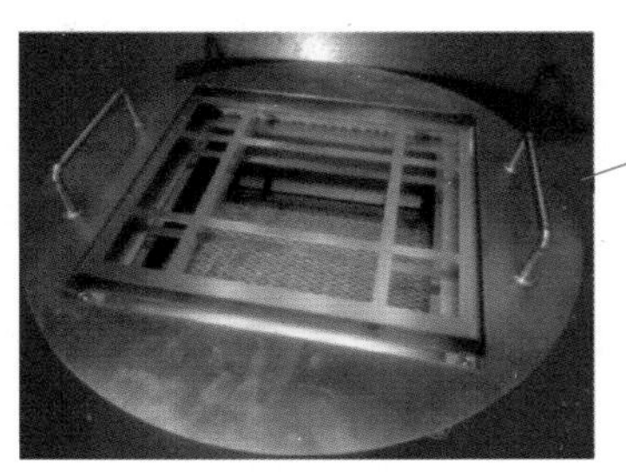

图4-30　过滤器

2）过滤器（图4-30）更换操作。向上提起压杆，取出收集桶，拿出过滤器固定架。取出旧过滤器。放入新过滤器，装好过滤器固定架，放回收集桶，向下压好压杆。

任务4.2.2　气氛热处理炉

气氛热处理炉是一种用于工程与技术科学基础学科、材料科学领域的工艺试验仪器，主要用于金属零件普通热处理。

1. 气氛热处理炉的工作原理

气氛热处理炉是利用由滑阀泵、罗茨泵、油扩散泵组成的三级抽真空系统将炉内抽至压强低于5×10^{-2}Pa的工作真空度（极限真空度可达到压强低于5×10^{-3}Pa），然后充入纯度为99.99%以上的高纯惰性气体（压力范围0.05～0.07MPa），并在对流搅拌条件下加热、保温、冷却，最终出炉。

热处理是将固态金属或合金采用适当的方式进行加热、保温和冷却以获得所需组织结构的工艺。热处理的过程就是按“加热→保温→冷却”三阶段进行，这三个阶段可用冷却曲线来表示（图4-31）。不管是哪种热处理，都是分为这三个阶段，不同的是加热温度、保温时间和冷却速度不同。

热处理工艺的特点是：不改变金属零件的外形尺寸，只改变材料内部的组织与零件的性能。所以钢的热处理目的是消除材料的组织结构上的某些缺陷，更重要的是改善和提高钢的性能，充分发挥钢的性能潜力，这对提高产品质量和延长使用寿命有重要的意义。

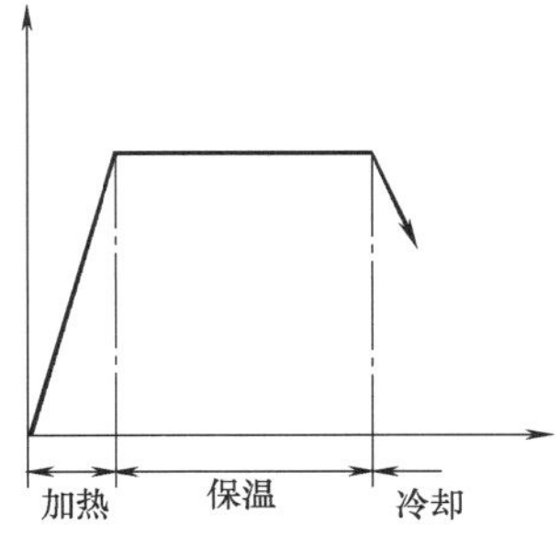

图4-31　热处理过程

2. 气氛热处理炉的特点

1）数显仪表显示，可实时监测炉内气压、温度、电流、电压。

2）加热系统、混气系统、真空系统、内循环水冷却系统、监测系统，都可通过控制按钮操作。

3）专业的真空设计、独特的密封技术，保证了炉腔的气密性，真空度好。

4）智能PID高精度控制、自整定功能、可编程控制、可设置升降温程序，实现了功率无损耗。

5）可选配转换接口，实现与计算机相互连接，来完成与单台或多台电炉的远程控制、实时追踪、历史记录、输出报表等功能。

6）升温速率可调。

7）热污染少，采用高纯氧化铝微晶体纤维保温材料，双层壳体间风扇制冷，可使炉体表面快速降温，外壳表面不烫手（约 60℃）。

8）控温精密，具备多种温控器可供选择，温度波动小（控温精度±1℃）。

3. 气氛热处理炉的应用

主要应用于 3D 打印金属材料热处理，可处理材料及工艺如下：

1）模具钢固溶时效、模具钢气氛保护退火。

2）铝合金退火。

3）齿科钴铬合金退火。

4）不锈钢、高温合金气氛保护退火。

4. 气氛热处理炉的结构组成

气氛热处理炉设备主要由电源、加热系统、气路系统、安全防护等几部分组成。3D 打印箱式气氛热处理炉设备 NB380A 如图 4-32 所示。该设备外形尺寸（宽×深×高）为 1140mm×1053mm×1485mm，整个设备重达 650kg。

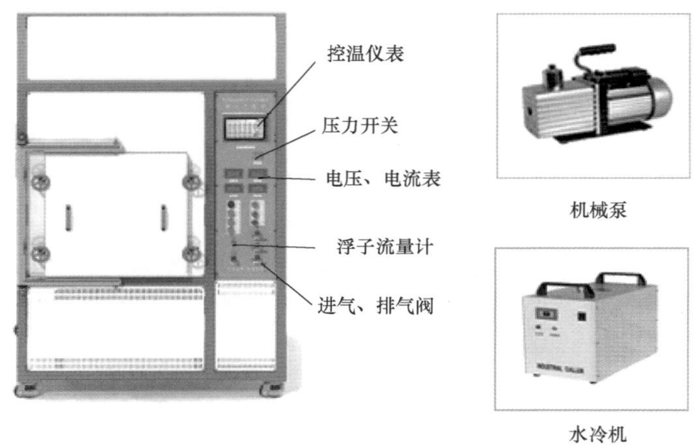

图 4-32　3D 打印箱式气氛热处理炉 NB380A

（1）电源　提供整机用电，其工作电压为交流 380V，电源频率为 50Hz 或 60Hz。

（2）加热系统　3D 打印箱式气氛热处理炉 NB380A 由 N 型热电偶测温传感器、HRE 合金丝加热元件、氧化铝多晶纤维板的炉膛和控温仪表组成，加热功率为 18kW，极限温度 1200℃，使用温度不高于 1100℃。升温速度最快可达 30℃/min，一般情况下温度在 300℃以内时，升温速度为 3~8℃/min，温度在 300℃以上时，升温速度为 8~12℃/min。温度在 700℃以上时，降温速度不高于 10℃/min。控温仪表有模糊 PID 控制和自整定调节功能，可实现可编程控制，控温精度为±1℃。

（3）气路系统　气路系统是由真空压力表、浮子流量计、机械泵、水冷机组成。能够承载的压力范围为（-0.04~0.02）MPa。压力表的显示值在-0.1~0.1MPa，流量计量程为 3~30L/min。

（4）安全防护　安全防护装置有超温报警、断偶提示、过流保护、漏电保护等功能。

任务 4.2.3　电火花线切割设备

电火花线切割加工（Wire Cut EDM，简称 WEDM）是在电火花加工的基础上，于 20 世纪 50 年代末最早在苏联发展起来的一种工艺形式，是用线状电极（通常为钼丝或黄铜丝），靠火花放电对工件进行切割，故称为电火花线切割，有时简称线切割。目前，电火花线切割技术已获得广泛的应用，国内外的线切割机床已占电加工机床的70%以上。

1. 电火花线切割加工的原理

电火花线切割加工的基本原理是利用移动的细金属导线（黄铜丝或钼丝）作为电极，对工件进行脉冲火花放电，利用数控技术使电极丝相对工件作横向切割运动，它具有“以不变应万变”切割成形的特点，可切割成形各种二维、三维和多维表面。

根据电极丝的运行方向和速度，电火花线切割机床通常分为两大类。一类是往复（双向）高速走丝（俗称快走丝）电火花线切割机床（WEDM-HS），一般走丝速度为8~10m/s，这是我国生产和使用的主要机种，也是我国独创的电火花线切割加工模式。近年来我国已改进设计，研制生产出可实现分级变速控制电极丝走丝速度和能多次切割的中速走丝电火花线切割机床，用以取代原高速走丝机床。所谓的中速走丝电火花线切割机床，其本质仍然是运用往复走丝电火花线切割技术，但该类型的机床充分发挥了往复走丝电火花线切割低成本，以及可以加工较大厚度工件的能力；同时，它借鉴了单向走丝线切割加工的特点。中速走丝在脉冲电源、伺服进给控制、运丝速度控制、数控系统及多次切割工艺等方面较往复高速走丝机床有所改进，这种改进使得该类型的机床在加工精度及表面质量等方面较高速走丝电火花线切割机床有了很大改善。另一类是单向低速走丝（俗称慢走丝）电火花线切割机床（WEDM-LS），一般走丝速度低于0.2m/s，这是国外生产和使用的主要机种。与现有较高走丝速度的往复走丝电火花线切割机床相比，单向走丝线切割机床具有更高的加工速度、加工精度，更好的表面质量以及多次切割等其他功能。因此该类型的机床可实现较高精度和表面质量的加工。近年来我国根据电火花线切割机床的发展需要，也加快了这类机床的研制和生产。高速走丝线切割加工机床因其操作简单、成本低廉而被普遍采用。由于低速走丝线切割加工解决了自动卸除加工废料、自动搬运工件、自动穿电极丝的问题，同时应用自适应控制技术，能够实现无人操作的加工，精度更高，但加工成本要比高速走丝线切割加工机床高得多。

下面以往复走丝机床为例说明电火花线切割加工的原理。往复高速走丝电火花线切割工艺及机床的示意图如图4-33所示。利用钼丝作为工具电极进行切割，贮丝筒使钼丝作正反向交替移动，加工能源由脉冲电源供给。在电极丝和工件之间浇注工作液，工作台在水平面两个坐标方向各自按预定的控制程序，根据火花间隙的状态作伺服进给移动，合成各种曲线轨迹，将工件切割成形。

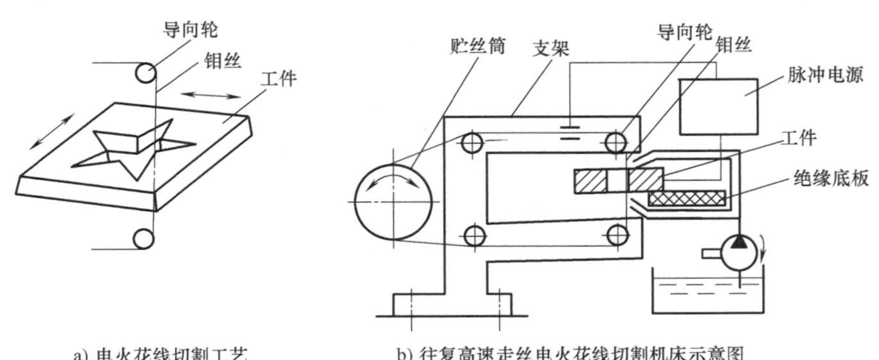

a) 电火花线切割工艺　　b) 往复高速走丝电火花线切割机床示意图

图4-33　往复高速走丝电火花线切割工艺及机床的示意图

电火花线切割机床过去曾按控制方式分为靠模仿形控制和光电跟踪控制，但现在由于数控技术的发展和普及，都采用数字程序控制；按加工尺寸范围可分为大、中、小型，还可分为普通型与专用型等。目前国内外的电火花线切割机床采用不同水平的微机数控系统，从单片机到微型计算机系统，一般都还具有自动编程功能。

2. 电火花线切割加工的特点

1）无论被加工材料的硬度如何，只要是导体或半导体材料都能实现加工。

2）无须金属切削刀具，以 ϕ0.03～ϕ0.35mm 的金属丝为电极工具，工件材料的预留量少，有效节约贵重材料。

3）虽然加工的对象主要是平面形状，但是也可方便地加工任何复杂形状的型孔、微孔、窄缝等。

4）直接采用精加工和半精加工一次加工成形，一般不需要中途转换机床。

5）自动化程度高，操作方便，加工周期短，成本低。

6）由于电极工具是直径较小的细丝，故脉冲宽度、平均电流等不能太大，加工工艺参数的范围较小，属于中、精正极性电火花加工，工件常接脉冲电源正极。

7）采用水或水基工作液，不会引燃起火，容易实现安全无人运转，但由于工作液的电阻率远比煤油小，因而在开路状态下，仍有明显的电解电流。电解效应稍有益于改善加工表面粗糙度，但对于硬质合金等材料，则会使钴元素过多蚀除，使表面质量恶化。

8）一般没有稳定电弧放电状态。电极丝与工件始终有相对运动，尤其是高速走丝电火花线切割加工，因此，可以认为电火花线切割加工的间隙状态是由正常火花放电、开路和短路这三种状态组成的，但在单个脉冲内往往有多种放电状态，有瞬时微开路、微短路现象。

9）往复高速走丝线切割加工时，电极与工件之间存在着疏松接触式轻压放电现象。研究结果表明，当柔性电极丝与工件接近到通常认为的放电间隙（例如 8～10μm）时，并不发生火花放电，甚至当电极丝已接触到工件，从显微镜中已看不到间隙时，也常常看不到火花，只有当工件将电极丝顶弯，偏移一定距离（几微米到几十微米）时，才发生正常的火花放电。即每进给 1μm，放电间隙并不减小 1μm，而是钼丝增加一点张力，向工件增加一点侧向压力，只有当电极丝和工件之间保持一定的轻微接触压力时，才形成火花放电。可以认为，在电极丝和工件之间存在着某种电化学产生的绝缘薄膜介质，当电极丝被顶弯所造成的压力和电极丝相对工件的移动摩擦使这种介质减薄到可被击穿的程度时，才发生火花放电。放电发生之后产生的爆炸力可能使电极丝局部振动而脱离接触，但宏观上仍是轻压放电。

10）没有成形的工具电极，大大降低了成形工具电极的设计和制造费用，用简单的工具电极，靠数控技术实现复杂的切割轨迹，缩短了生产准备时间，加工周期短，这不仅对新产品的试制很有意义，而且提高了大批量生产的快速性和柔性。

11）电极丝比较细，可以加工微细异形孔、窄缝和复杂形状的工件。由于切缝很窄，且只对工件材料进行套料加工，所以实际金属去除量很少，材料的利用率很高，这对加工、节约贵重金属具有重要意义。

12）采用移动的长电极丝进行加工，因此单位长度电极丝的损耗较少，从而对加工精度的影响比较小，特别是在低速走丝线切割加工时，电极丝一次性使用，损耗对加工精度的影响更小。

正是由于电火花线切割加工有许多突出的优点，因而在国内外发展都较快，获得了广泛的应用。

3. 电火花线切割加工的应用范围

电火花线切割加工为新产品试制、精密零件加工及模具制造开辟了一条新的工艺途径。它主要应用于以下几个方面：

（1）加工模具　电火花线切割加工适用于加工各种形状的冲模。通过调整不同的间隙补偿量，只需一次编程就可以切割凸模、凸模固定板、凹模及卸料板等。模具配合间隙、加工精度通常都能达到 0.01～0.02mm（往复高速走丝线切割机床）和 0.002～0.005mm（单向低速走丝线切割机床）的要求。此外，还可加工挤压模、粉末冶金模、弯曲模、塑压模等，也可加工带锥度的模具。

（2）切割　电火花穿孔成形加工用的电极、一般穿孔加工用的电极和带锥度型腔加工用的电极，以及铜钨、银钨合金之类的电极材料，用电火花线切割加工特别经济，同时也适用于加工微细、形状复杂的电极。

（3）加工零件　在试制新产品时，用线切割的方法在坯料上直接割出零件，例如试制切割特殊微型电动机硅钢片定、转子铁心，由于不需另行制造模具，可大大缩短制造周期、降低成本。另外修改设计、变更加工程序比较方便，加工薄件时还可多片叠在一起加工。在零件制造方面，可用于加工品种多、数量少的零件，特殊难加工材料的零件，材料试验样件以及各种型孔、型面、特殊齿轮、凸轮、样板和成形刀具。有些具有锥度切割功能的线切割机床，可以加工出“天圆地方”等上下异形截面的零件。线切割还可进行微细加工以及异形槽和“标准缺陷”的加工等。

4. 电火花线切割加工的设备组成

电火花线切割加工设备主要由机床本体、脉冲电源、控制系统、工作液循环系统和机床附件等几部分组成。图4-34和图4-35分别为往复高速和单向低速走丝线切割加工设备组成图，这里主要介绍高速走丝线切割加工。

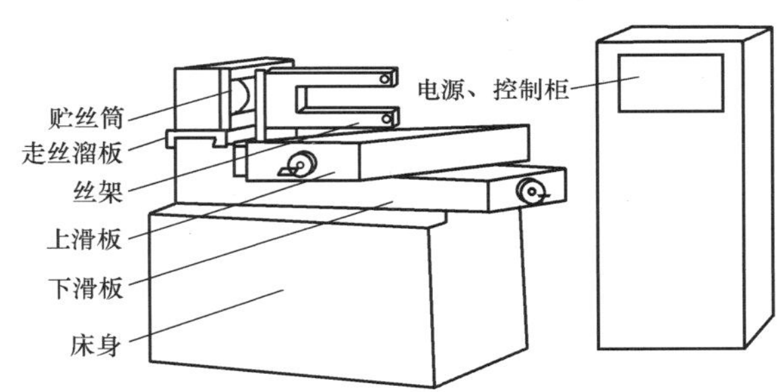

图4-34　往复高速走丝线切割加工设备组成图

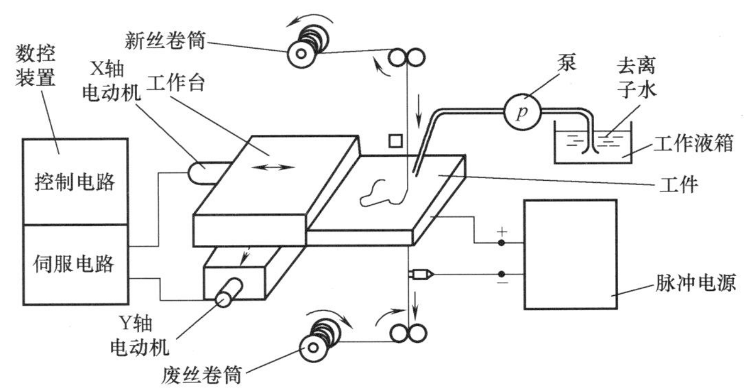

图4-35　单向低速走丝线切割加工设备组成图

（1）床身　床身一般为铸件，是坐标工作台、绕丝机构及丝架的支撑和固定基础，通常采用箱式结构，应有足够的强度和刚度。床身内部设置电源和工作液箱。考虑到电源发热和工作液泵的振动，有些机床将电源和工作液箱移出床身另行安放。

（2）坐标工作台　电火花线切割机床最终都是通过坐标工作台与电极丝的相对运动来完成零件加工的，通常坐标工作台完成X、Y方向的运动。为了保证机床精度，对导轨的精度、刚度和耐磨性有较高的要求。一般都采用十字滑板、滚动导轨和丝杠传动副将电动机的旋转运动转变为工作台的直线运动，通过两个坐标方向各自的进给移动，可合成获得各种平面图形曲线轨迹。为了保证工作台的定位精度和灵敏度，传动丝杠和螺母之间必须消除间隙。

（3）走丝机构　走丝机构使电极丝以一定的速度运动并保持一定的张力。在双向高速走丝电火花线切割机床上，一定长度的电极丝平整地卷绕在贮丝筒上（图 4-34），丝的张力与排绕时的拉紧力有关（为提高加工精度，近来已研制出恒张力装置）。贮丝筒通过联轴器与驱动电动机相连。为了重复使用该段电极丝，电动机由专门的换向装置控制作正反向交替运转。走丝速度等于贮丝筒周边的线速度，通常为 8～10m/s。在运动过程中，电极丝由丝架支撑，并依靠导轮保持电极丝与工作台垂直或倾斜一定的几何角度（锥度切割时）。

单向低速走丝系统如图 4-36 所示。在图 4-36 中，未使用的金属丝筒（绕有 1～5kg 金属丝）依靠废丝卷丝轮使金属丝以较低的速度（通常为 0.2m/s 以下）移动。为了提供一定的张力（2～25N），在走丝路径中装有机械式或电磁式张力电动机和电极丝张力调节轴。为使断丝时能自动停机并报警，走丝系统中通常还装有断丝检测微动开关。用过的电极丝集中到贮丝筒上或送到专门的收集器中。

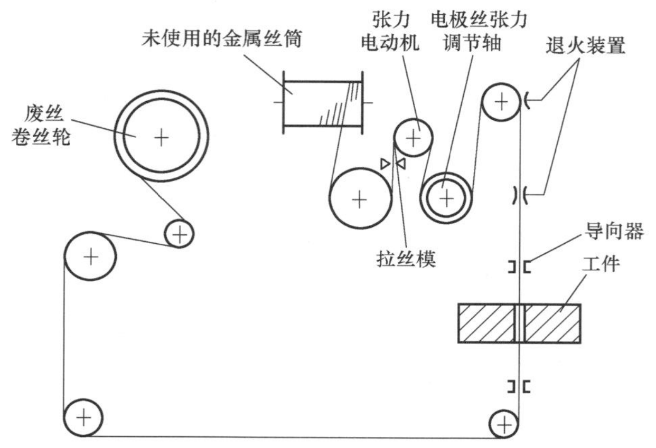

图 4-36　单向低速走丝系统示意图

为了减轻电极丝的振动，应使其跨度尽可能小（按工件厚度调整），通常在工件的上下采用蓝宝石 V 形导向器或圆孔金刚石模块导向器，其附近装有引电部分，工作液一般通过引电区和导向器后再进入加工区，这样可保证全部电极丝的通电部分都能冷却。近代的机床上还装有靠高压水射流冲刷引导的自动穿丝机构，能使电极丝经过一个导向器穿过工件上的穿丝孔而被传送到另一个导向器，必要时也能自动切断并再穿丝，为无人连续切割创造了条件。

（4）锥度切割装置　为了切割有落料角的冲模和某些有锥度（斜度）的内外表面，大部分线切割机床具有锥度切割功能。实现锥度切割的方法有多种，各生产厂家有不同的结构。主要有：

1）导轮偏移式丝架。这种丝架主要用在高速走丝线切割机床上，实现锥度切割。用此法时锥度不宜过大，否则钼丝易拉断，导轮易磨损，工件上有一定的加工圆角。

2）导轮摆动式丝架。用此法时加工锥度不影响导轮磨损。最大切割锥度通常可达 5°以上。

3）双坐标联动装置。在电极丝由恒张力装置控制的双向高速走丝和单向低速走丝线切割机床上广泛采用此类装置，它主要依靠上导向器作纵横两轴（称 U、V 轴）驱动，与工作台的 X、Y 轴在一起构成四轴同时控制（图 4-37）。这种方式的自由度很大，依靠功能丰富的软件可以实现上、下异形截面的加工。最大的倾斜角度 e 一般为±5°，有的甚至可达 30°～50°（与工件厚度有关）。

在锥度加工时，能保持一定的导向间距（上、下导向器与电极丝接触点之间的直线距离），是获得高精度的主要因素，为此，有的机床具有 Z 轴设置功能，一般采用圆孔式的无方向性导向器。

5. 电火花线切割加工工件装夹与调整

（1）工件的装夹　装夹工件时，必须保证工件的切割部位位于机床工作台纵向、横向进给的允许范围之内，避免超出极限。同时应考虑切割时电极丝运动空间。夹具应尽可能选择通用（或标准）夹具。所选夹具应便于装夹，便于协调工件和机床的尺寸关系。

注意：在加工大型模具时，工件的定位方式，尤其在加工快结束时，工件的变形、重力的作用会使电极丝被夹紧，影响加工。

1）悬臂式装夹。如图 4-38a 所示，这种方式装夹方便，通用性强，但由于工件一端悬伸，易出现切割表面与工件上、下平面间的垂直度误差。仅用于加工要求不高，悬臂较短的情况。

2）两端支撑方式装夹。如图 4-38b 所示，这种方式装夹方便、稳定，定位精度高，但不适于装夹较大的零件。

3）桥式支撑方式装夹。如图 4-38c 所示，在通用夹具上放置垫铁后再装夹工件。这种方式装夹方便，对大、中、小型工件都能适用。

4）板式支撑方式装夹。如图 4-38d 所示，根据常用的工件形状和尺寸，采用有通孔的支撑板装夹工件。这种方式装夹精度高，但通用性差。

5）复式支撑方式装夹。复式支撑夹具是在桥式夹具的基础上，再装上专用夹具组合而成，如图 4-38e 所示。这种方式装夹方便，特别适用于大批量零件生产。既可以节省找正和调整电极丝位置等辅助工时，又保证了工件加工的一致性。

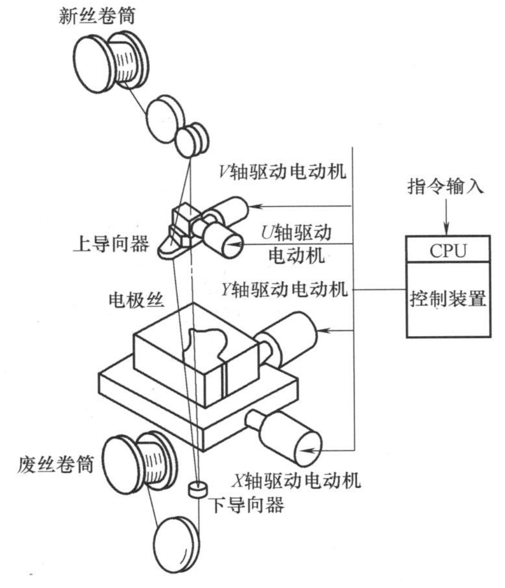

图 4-37　单向低速走丝四轴联动锥度切割装置

在本任务中根据支撑座模型工件的尺寸大小，选择悬臂式进行装夹，正面图和侧面图分别如图 4-38f、g 所示。

（2）工件的调整　装夹好的工件一般需经过适当调整，使工件的定位基准分别与工作台的 X、Y 方向保持平行，以保证加工面与基准面的位置精度。常用的找正方法有两种：百分表找正和划线法找正。

1）百分表找正。如图 4-39a 所示，用磁力表架将百分表固定在丝架或其他位置上，百分表的测头与工件基面接触，往复移动工作台，按百分表指示值调整工件的位置，直至百分表指针的偏摆范围达到所要求的数值。找正应在相互垂直的三个方向上进行。

2）划线法找正。工件的切割图形与定位基准之间的相互位置精度要求不高时，可采用划线法找正，如图 4-39b 所示。利用固定在丝架上的划针对准工件上划出的基准线，往复移动工作台，目测划针、基准间的偏离情况，将工件调整到正确位置。

（3）试切工件　在线切割自动加工前还应进行工件试切，用以确定加工起始点，这里选

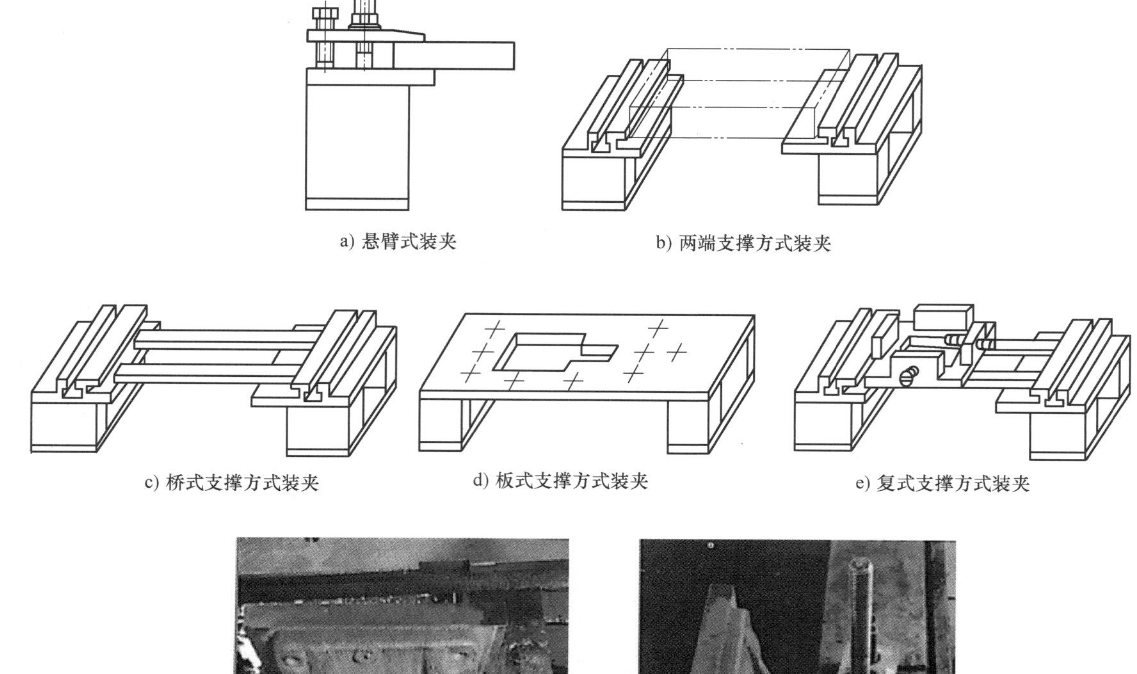

a) 悬臂式装夹　b) 两端支撑方式装夹

c) 桥式支撑方式装夹　d) 板式支撑方式装夹　e) 复式支撑方式装夹

f）悬臂式装夹正面图

g) 悬臂式装夹侧面图

图 4-38　工件的装夹

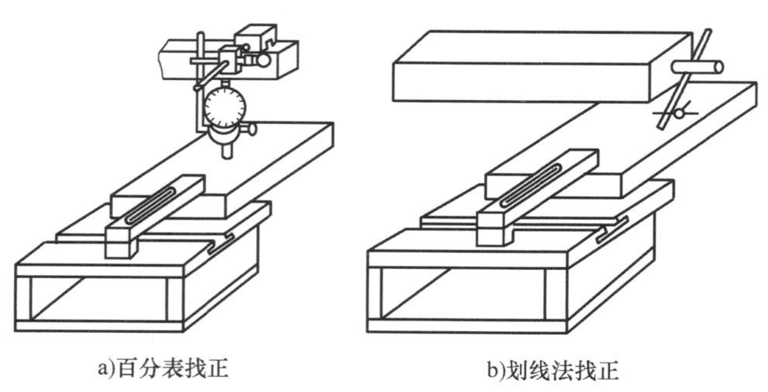

a)百分表找正　b)划线法找正

图 4-39　找正

择底板与 3D 打印件的接缝位置作为加工起始点，以便加工基准与编程基准重合，从而减少定位误差。在不开启工作液的状态下，起动走丝并开启脉冲电源，将电极丝移动到接缝位置，电极丝与工件接触后会产生明显火花，注意观察火花情况。正常状态下，整个接触处都会有火花。反之，如果只有上面或下面有零星火花，则说明存在问题，很可能是电极丝垂直度偏低造成的，需对电极丝垂直度重新校正。

（4）正式加工　设置好加工参数后，先开启走丝机构，再起动工作液，接通脉冲电源运行程序进行加工。

任务4.2.4　喷　砂　机

喷砂机（详见项目2）是以磨料为介质，以压缩空气为动力，对固体类工件表面进行喷射加工的喷砂设备。喷砂机在金属3D打印产品中应用较为广泛，用以改变工件表面的应力状态，能提高零件的耐磨性和疲劳强度。

任务4.2.5　筛　粉　机

1. 筛粉机的工作原理

筛粉机是利用立式振动电动机作为振动源，使筛面物料作三维运动，并且配合超声波筛分系统，使筛面物料作三维运动的同时受到超声振动波的加速度，从而有效地解决了高精细物料在筛分过程中的堵网、粘网、聚团、吸附、静电、轻比重等筛分难题。

超声波振动筛是将220V、50Hz或110V、60Hz电能转化为18kHz的高频电能，通过超声电源输入超声清网换能器，将其变成18kHz的机械振动，这些波动被传输到预先调好的棒式共振器，然后均匀传输至筛面，使超微细粉体接受巨大的超声加速度，从而抑制黏附、摩擦、平降、楔入等堵网因素，提高筛分效率和清网效率。达到高效筛分和清网的目的，使超微细粉筛分成为易事。特别适合高附加值精细粉体。

超声波振动筛是在原有的电动机带动振动筛振动的基础上，增加了超声波。振动筛堵网的问题是制约筛分效率的关键。超声波装置是由超声波电源通过换能器将超声波转换为机械波作用于筛网表面来起到清理筛网的作用，解决了筛孔上的静电附着力，粉末的凝聚作用和插入粗糙网丝表面的微粒造成的堵塞问题，提高了筛分效率。

2. 筛粉机的特点

1）金属粉末振动筛效率高、设计精巧耐用，任何粉类、黏液均可筛分。

2）换网容易，操作简单，清洗方便。

3）网孔不堵塞、粉末不飞扬，可筛至500目或0.028mm。

4）杂质、粗料自动排出，可以连续作业。

5）独特网架设计，筛网使用时间长久，换网快，只需3~5min。

6）体积小，不占空间，移动方便。

3. 筛粉机的应用

金属粉末振动筛适用范围广泛，主要应用于以下行业：

（1）化工行业　树脂、涂料、工业药品、化妆品、油漆、中药粉等。

（2）食品行业　糖粉、淀粉、食盐、米粉、奶粉、豆浆、蛋粉、酱油、果汁等。

（3）金属、冶金矿业　铝粉、铅粉、铜粉、矿石、合金粉、焊条粉末、二氧化锰、电解铜粉、电磁性材料、研磨粉、耐火材料、高岭土、石灰、氧化铝、重质碳酸钙、石英砂等。

（4）公害处理　废油、废水、染整废水、助剂、活性炭等。

筛粉机在达到高精度、高网目筛分的同时，可将粉末的粒度控制在较窄的范围内。可单层与多层使用。一套智能超声波发生器同时使用2个换能器。小于635目时可实现彻底的筛网自洁功能。在整个工作过程中保证所处理物料的特性不变。

4. 筛粉机的结构

筛粉机系统由振动筛分单元、超声波单元、清洗系统、控制系统和换粉系统组成，如图4-40所示。

1）振动筛分单元主要用于金属粉末的筛选、过滤。通过电动机提供激振力使筛粉机中的金属粉末高频振动，并由滤网筛分出过大、过小的粉末，保证成型金属粉末在要求的尺寸范围内。

2）超声波单元主要清除滤网中的金属粉末，防止筛粉过程中粉末堵塞筛网，提高筛粉效率。

3）洗气系统主要用于工作中使筛粉机处于惰性气体保护的环境中，防止金属粉末发生爆炸。

4）控制系统主要用于集成清洗、筛粉、超声波控制、筛粉压力检测和筛粉氧含量的监控，使整个筛粉过程实现自动控制。

5）换粉系统为便携可拆卸式粉桶，实现加粉取粉的一体化。

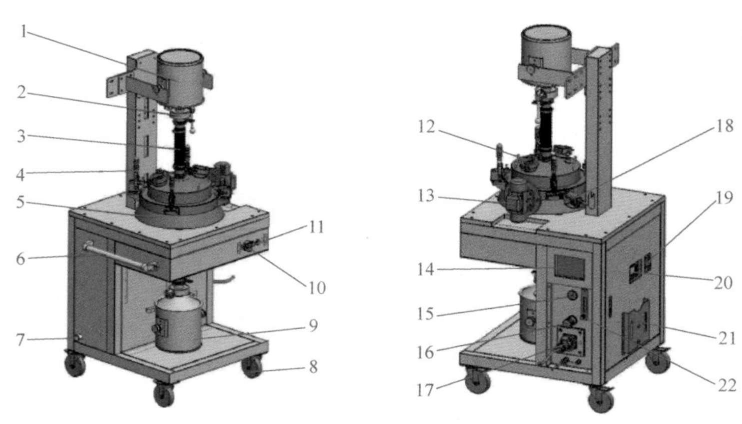

图 4-40　筛粉机的结构

1—落粉桶　2—蝶阀　3—波纹管（上）　4—肘夹　5—筛舱组件　6—把手　7— KF25 排气孔　8—脚轮　9—收粉筒　10—急停开关　11—起动、停止按钮　12—真空视窗　13—振动电动机　14—超声波发生器　15—压力表　16—减压阀　17—总电源插头　18—超声波换能器　19—隔离开关　20—LOGO！TDE　21—文件盒　22—转子流量计

5. 筛粉机的使用注意事项

在金属粉末激光成形制造（3D 打印）部件时，粒径小、球化度高、分布范围窄的粉末，其成形部件在力学性能、致密度等方面越是优良。然而越是细小的粉末粒子，其吸附性、比表面积越大，更容易形成分子团聚现象，造成粒径分布不均、难以筛分等问题。铝、钛等活泼金属粉末，越是细小，被氧化的概率越高，且扬程具有易爆特性，十分危险。这就造成在筛分过程中隔除大颗粒、分离小颗粒、控制粒子段、降低含氧量的难度增加，因而对筛粉机提出了较高的要求。

1）金属粉尘尤其是小于 5um 的颗粒物质对人体危害较大，整个筛分过程中粉末完全处在密闭的惰性气体氛围中，有效防止操作人员与粉末直接接触。

2）整机采用防爆标准设计，加以良好的接地系统设计，多重保护，最大限度地防止粉末与网面的摩擦静电产生，使最小点火能量控制在 3MJ 以内，避免造成粉尘爆炸。

3）结合了超声波系统与电动机振动的双重功效，大大提高了筛分效率。电动机的高频大振幅机械振动将粉末均匀地摊涂在筛网网面，使小颗粒过网、大颗粒排除；同时声波传导系统把超高频小振幅声波能量传递给筛网网丝，破坏网丝表面张力，避免细微粉末的吸附，降低筛网网孔的堵塞概率，促使细粉过网，从而达到筛分细粉或易吸附粉末的目的。

4）金属粉末的激光烧结过程中，会伴有金属冷凝物质的产生，这些物质混合在粉末当中会造成粉末污染，影响粉末质量；同时，铝、钛等活泼金属粉末接触空气易于氧化等原因，造成 3D 打印的金属粉末回收利用只有 7~9 次。超声波振动筛的整机惰性气体保护氛围与高效的筛分过程，能有效保证粉末的纯度，理论上可以使粉末无限次回收利用，可以有效地节约用户成本；留有专门的排气口，可将惰性气体置换过程产生的废气排到室外；同时还留有颗粒回收口，可与吸尘器对接，将难以通过筛网的大颗粒与杂物吸除，从而满足工厂环保要求。

任务 4.2.6　后处理工作台

后处理工作台如图 4-41 所示，用于对 3D 打印机打印出来的工件进行清粉、去支撑、表面加工及装配等操作。平台上面立板上有工具存放盒、电源插座，方便工具摆放、使用，电源提供电动打磨机打磨工件需要的动力。

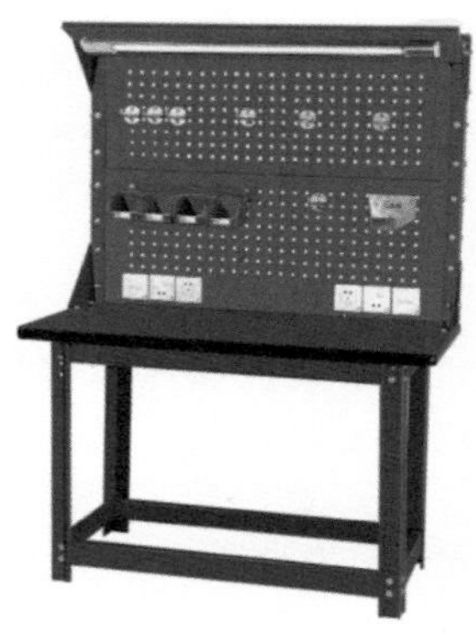

图 4-41　后处理工作台

【任务评价】

名称＿＿＿＿＿＿＿＿＿＿＿＿＿＿＿＿

用途＿＿＿＿＿＿＿＿＿＿＿＿＿＿＿＿

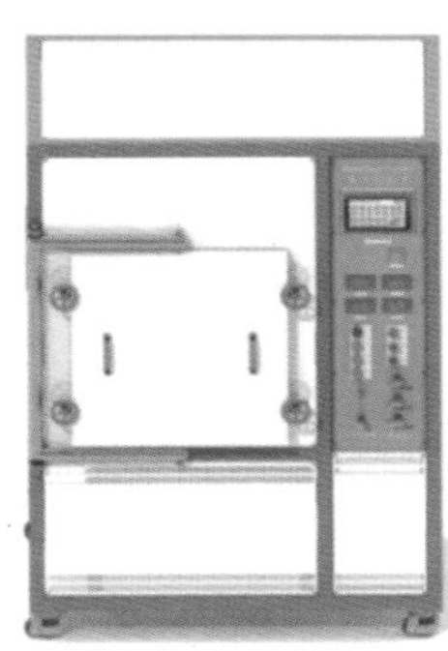

名称＿＿＿＿＿＿＿＿＿＿＿＿＿＿＿＿

用途＿＿＿＿＿＿＿＿＿＿＿＿＿＿＿＿

名称＿＿＿＿＿＿＿＿＿＿＿＿＿＿＿＿

用途＿＿＿＿＿＿＿＿＿＿＿＿＿＿＿＿

名称＿＿＿＿＿＿＿＿＿＿＿＿＿＿＿＿

用途＿＿＿＿＿＿＿＿＿＿＿＿＿＿＿＿

【人物风采】

大国工匠——崔蕴

十年磨一“箭”，千次实验实现大火箭“天津造”。“我们是火箭总体装配工，负责新一代火箭总装、测试、出厂、运输、发射支持等工作，我们得把好最后一道关。”首批海河工匠、天津航天长征火箭制造有限公司火箭装配工崔蕴就是把关人。

崔蕴，我国唯一一位参与了所有现役捆绑型运载火箭研制全过程的特级技能人才，参与总装过的火箭已经70多发。但面对直径大了一倍、95%都是新技术的长征五号新型运载火箭时，崔蕴发现过去总装传统火箭的工具和装配方式已经完全不能满足总装需求。“新一代火箭长征五号直径是5米，与过去直径3.35m的火箭相比有革命性的变化。”崔蕴讲解，“过去使用操作梯等就能解决人的可达性，能正常操作，但现在要如何解决这个可达性？我们研究发现，需要让它实现滚转。”

为了保证每个零件之间的配合达到最优，崔蕴阅读了大量资料，从力学到化学、从金属材料到化工研究，只要与火箭沾边，他都不放过。早些年，崔蕴一有空就“泡”在图书馆里。2014年下半年，“长征五号”“长征七号”火箭任务叠加。其中全新的“长七”火箭，一半以上是新技术，而平均年龄25岁的全新队伍中，无一人有过独立总装火箭的经历。时任天津火箭公司总经理陶钢认为，崔蕴善于思考、爱动脑筋，技艺超群，是全能人才，全公司找不出比他更适合的人。造新火箭，非他不可。

说干就干，崔蕴带领着年轻人开始不分昼夜地攻关。“师傅说不加班，就是夜里12点下班。当天的任务，必须当天完成，否则决不罢休。”装配员张琳卿说，连续3个月下来，小伙子们都快撑不住了，可崔蕴仍然每天最早来、最晚走。很多时候，他都亲自上阵，他手里的活儿，不是最难，就是最险。

崔蕴，只是众多航天工作者中的一员，他以不怕死、不服输、敢较真的工作状态诠释着工匠精神的内涵，同时，在他的影响下，新一代的航天人正在逐步成长壮大。

想一想：读完大国工匠崔蕴的事迹后，谈谈你对“科学技术是第一生产力”这句话的理解。

任务4.3　SLM金属打印产品后处理工艺过程

【学习目标】

技能目标：能够对金属打印产品进行后处理。
知识目标：了解金属打印产品后处理方法。
素养目标：培养按照流程处理问题的能力。

【任务描述】

1. 了解金属打印产品后处理方法。
2. 理解后处理方法具体操作过程。

【任务分析】

1. 了解金属打印产品后处理常用处理方法，如清粉、热处理、分离、去支撑、表面加工及装配。

2. 理解并对金属打印产品进行后处理，需要了解后处理过程中每一步的目的、使用的工具和操作方法。

【任务实施】

常用的金属3D打印方法有：选区激光烧结、粉末黏结成形和选择性激光熔化成形三种。金属打印产品后处理方法有取件、热处理、分离、去支撑、表面加工（喷砂、抛光、电镀、焊接、二次机加工等）、装配。目前为止，SLM设备是行业中应用最多的3D打印成型设备，本节后处理工艺也以SLM成型方式后处理为例。

任务4.3.1 清粉操作

清粉是金属打印件在打印完成之后后处理的第一步，其主要的目的是清除工件上的金属粉末，使金属打印件清晰地露出来，便于进行后续处理。

SLM打印件清粉使用的工具有软毛刷，必要时可用吸尘器进行更彻底的清粉。

金属打印件打印结束后，待机器冷却到室温后，先使工作台基板上升，露出工件，用大软毛刷刷去打印件周围的金属粉，如图4-42a所示。再松开基板上的螺钉，取下基板及工件。将基板和打印件从工作腔中取出，竖放在工作台上，用木锤轻轻敲打工件，然后再用小软毛刷刷去打印件缝隙的金属粉末，如图4-42b所示。如有必要的话还可以用吸尘器从各个方向吸打印件缝隙，彻底清除附着在打印件、支撑表面及缝隙的金属粉末。

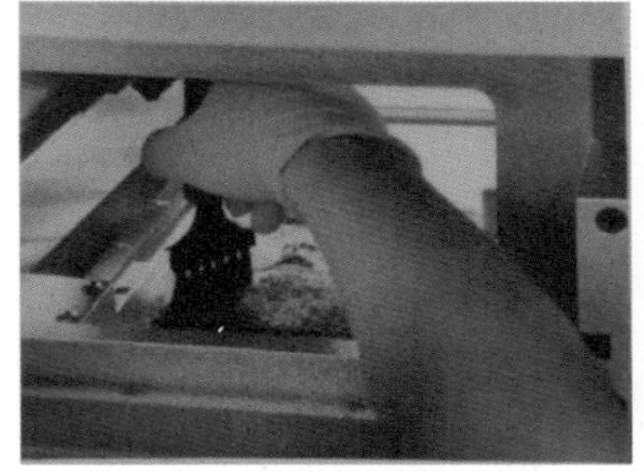
a) 大软毛刷清粉

b) 小软毛刷清粉

图4-42 清粉

任务4.3.2 热处理操作

热处理是指金属材料在固态下，通过加热、保温和冷却的手段，改变材料表面或内部的化学成分与组织，获得所需性能的一种金属热加工工艺。热处理的目的是消除打印件多余应力，防止后期开裂。热处理常用的设备是烧结炉，如图4-43所示。

图4-43 烧结炉

将金属打印件放进烧结炉内，根据打印件所需性能选择合适的热处理方法即可。将金属打印件放入金属箱，然后再放入烧结炉，如图 4-44 所示。

图 4-44　将金属箱放入烧结炉

任务 4. 3. 3　分离操作

金属打印件经过热处理后，下一步要进行的后处理是将打印件与基板分离。打印件分离出来后便于进行后续处理。分离经常使用的设备是线切割机床、锯子，常用工具是錾子、锯条。

将金属打印件安装在线切割机床上，并用百分表找正，再操作机床将打印件从基板上切割下来，使打印件与基板分离。用线切割机床、錾子或锯子将打印件与基板分离，分别如图 4-45 所示。

a) 线切割分离打印件

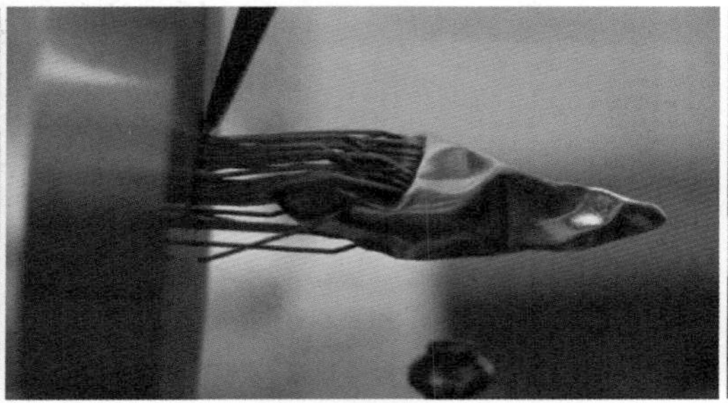

b) 錾子分离工件

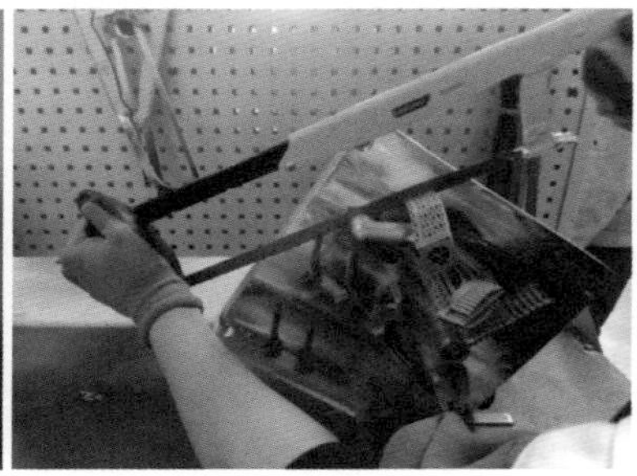

c) 锯子分离打印件

图 4-45　分离

任务 4. 3. 4　去支撑操作

分离出来的打印件，需要去除多余的支撑，方便后续的表面加工。用尖嘴钳、斜嘴钳等去除容易去除的大面积支撑，具体操作方法如图 4-46 所示。

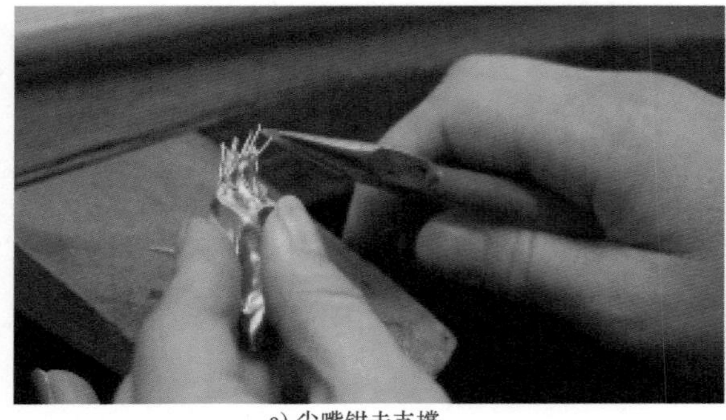

a) 尖嘴钳去支撑

b) 斜嘴钳去支撑

图 4-46　去支撑

任务 4.3.5　表面加工操作

去掉支撑的打印件，需要进行表面加工，以获得所需的表面质量。表面加工常用工具有电动打磨笔（图 4-47）、磨石条、砂纸。表面加工方法有打磨、喷砂、抛光、电镀、上色等（图 4-48）。

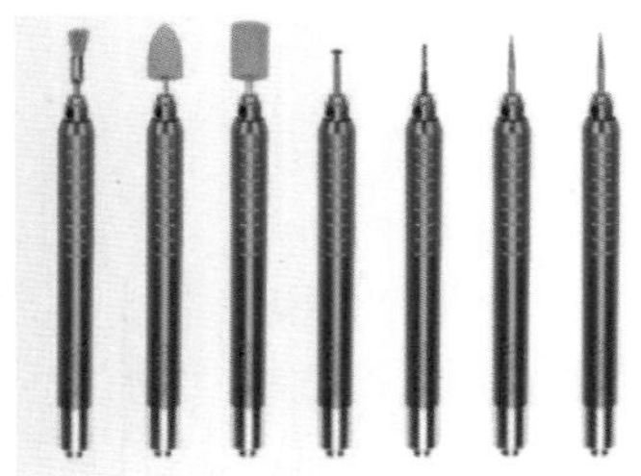

图 4-47　电动打磨笔

1. 打磨

打磨（见任务 1.2.3）是表面改性技术的一种，可以使用电动打磨笔、锉刀去除微小结构里的残余支撑，再用砂纸、抛光机等进一步进行表面加工，如图 4-48a 所示。

2. 喷砂

喷砂（图 4-48b）是利用高速砂流的冲击作用清理和粗化基体表面的过程。采用压缩空气为动力，以形成高速喷射束将喷料（铜矿砂、石英砂、金刚砂、铁砂、海南砂）高速喷射到需要处理的工件表面，使工件的外表或形状发生变化。磨料对工件表面的冲击和切削作用，使工件的表面获得一定的清洁度和不同的粗糙度，工件表面的机械性能得到改善，因此提高了工件的抗疲劳性，增加了工件和涂层之间的附着力，延长了涂膜的耐久性，也有利于涂料的流平和装饰。

a) 打磨

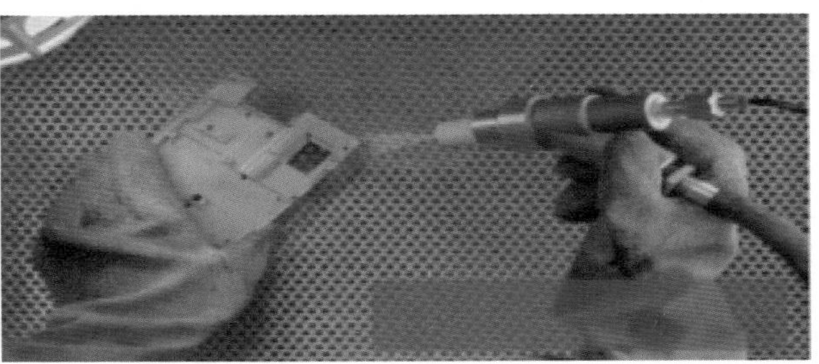

b) 喷砂

c) 抛光

d) 电镀

图 4-48　表面加工方法

3. 抛光

抛光（图 4-48c）是指利用机械、化学或电化学的作用，使工件表面粗糙度降低，以获得光亮、平整表面的加工方法。抛光不能提高工件的尺寸精度或几何精度，而是以得到光滑表面或镜面光泽为目的，有时也用以消除光泽（消光）。

机械抛光是靠切削、材料表面塑性变形去掉被抛光后的凸部而得到平滑面的抛光方法，一般使用磨石条、羊毛轮、砂纸等，以手工操作为主，特殊零件如回转体表面，可使用转台等辅助工具，表面质量要求高的可采用超精研抛的方法。

4. 电镀

电镀（图4-48d）就是利用电解原理在某些金属表面镀上一薄层其他金属或合金的过程，是利用电解作用使金属或其他材料制件的表面附着一层金属膜的工艺，从而起到防止金属氧化（如锈蚀），提高耐磨性、导电性、反光性、抗腐蚀性（硫酸铜等）及增进美观等作用。

任务4.3.6 装配操作

1. 装配目的

机械装配是机械制造中最后决定机械产品质量的重要工艺过程。即使是全部合格的零件，如果装配不当，往往也不能形成质量合格的产品。简单的产品可由零件直接装配而成。复杂的产品则须先将若干零件装配成部件，称为部件装配；然后将若干部件和另外一些零件装配成完整的产品，称为总装配。产品装配完成后需要进行各种检验和试验，以保证其装配质量和使用性能；有些重要的部件装配完成后还要进行测试。为了使机器具有正常工作性能，必须保证其装配精度。

2. 装配工具

装配常用工具有锉刀、垫片、定位圈，如图4-49所示。

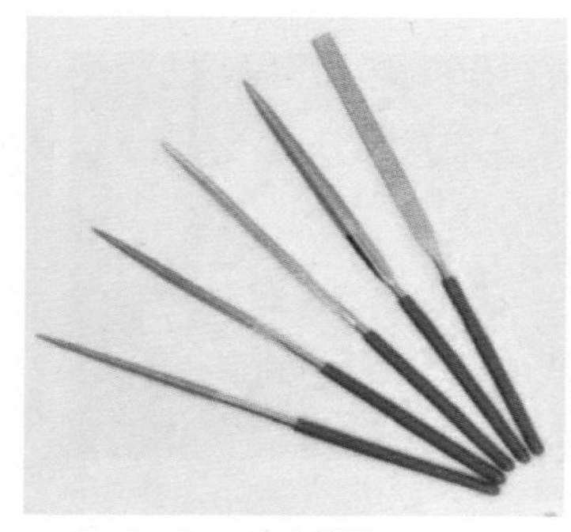
a) 锉刀

b) 垫片

c) 定位圈

图4-49 装配工具

3. 装配方法

根据产品的装配要求和生产批量，零件的装配有修配、调整、互换和选配4种配合方法。

（1）修配法 装配中应用锉削、磨削和刮削等工艺方法改变个别零件的尺寸、形状和位置，使配合达到规定的精度，装配效率低，适用于单件小批量生产，在大型、重型和精密机械装配中应用较多。修配法依靠手工操作，要求装配工人具有较高的技术水平和熟练程度。

（2）调整法 装配中调整个别零件的位置或加入补偿件，以达到装配精度。常用的调整件有螺纹件、斜面件和偏心件等；补偿件有垫片和定位圈等。这种方法适用于单件和中、小批量生产的结构较复杂的产品，成批生产中也少量应用。

（3）互换法 所装配的同一种零件能互换装入，装配时可以不加选择，不进行调整和修配。这类零件的加工公差要求严格，它与配合件公差之和应符合装配精度要求。这种配合方法主要适用于生产批量大的产品，如汽车、拖拉机中某些部件的装配。

（4）选配法 对于成批、大量生产的高精度部件如滚动轴承等，为了提高加工经济性，通常将精度高的零件的加工公差放宽，然后按照实际尺寸的大小分成若干组，使各对应的组内相互配合的零件仍能按配合要求实现互换装配。

【任务评价】

名称________________

用途________________

名称________________

用途________________

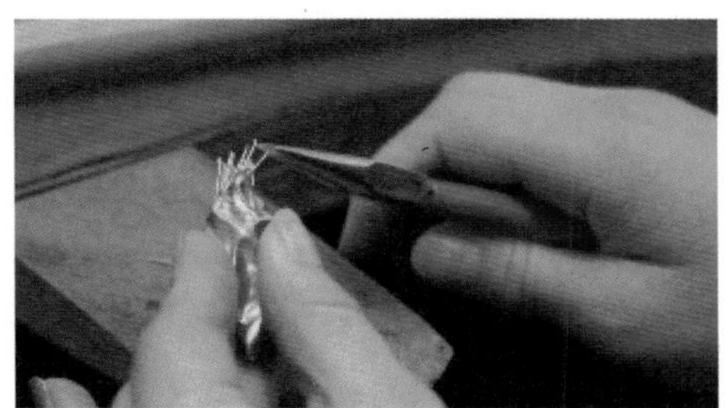

名称________________

用途________________

名称________________

用途________________

【人物风采】

大国工匠——朱恒银

舍“小家”为“大家”，44年扎根地质一线，一年200多天风餐露宿，让探宝“银针”不断前进，将小口径岩心钻探地质找矿深度从1000米以浅推进至3000米以深的国际先进水平，填补7项国内空白，创造新的“中国深度”，在业内被称为“地质神兵”。

朱恒银，安徽省地质矿产勘查局313地质队教授级高级工程师。

勇于创新，屡破技术瓶颈。1976年，怀揣报国梦的朱恒银，到地质队当了一名钻探工人。当时国内钻探设备落后，一次野外作业钻机故障，让班长重伤致残。这件事让他深受触动，下决心改变这种落后现状。1978年他考入大学，苦学理论知识，毕业后放弃城市工作机会，毅然回到地质队。从“六五”计划开始，他先后参加和主持10余项国家和省部级重点科研项目，取得“多分支受控定向钻探技术”系列成果，攻克陡矿体等无法勘探矿体系列难题，让10万t储量的滁州琅琊山铜矿惊现于世，矿山开采寿命延长30年，3000名工人保住饭碗。他把定向钻探技术应用于霍邱李楼铁矿、铜陵冬瓜山铜矿、安庆龙门山铜矿等特大型矿区，取得重大的找矿突破。2006年前，受技术所限，我国探矿深度始终在1000米左右徘徊不前，“攻深找盲”，成为新一轮地质找矿的重点。朱恒银带着一股“犟”劲领衔攻关深部钻探项目，无数日夜、无数汗水，终于一举突破探矿瓶颈，将地质钻探深度推进至3000米以深，为我国矿产资源开发做出巨大贡献。

发挥优势，为社会做贡献。2003年7月，上海地铁四号线突发地面塌陷事故，外滩两座大楼倾斜，黄浦江堤坝和一座大厦面临严重威胁。危急关头，朱恒银率队连续奋战10个昼夜，出色完成抢险任务。他参加完成“上海地面沉降监测原理与施工技术”科研项目，有效地控制上海市的地面沉降，技术成果广泛应用于浦东国际机场、磁悬浮铁路、东海大桥等国家重点工程。

朱恒银荣获全国劳动模范、安徽省道德模范等称号，被授予国家科技进步二等奖、安徽省科技进步一等奖，当选“大国工匠”2018年度人物，荣登“中国好人榜”。

44年，在平凡的岗位上，把钻探事业做到极致，朱恒银是当之无愧的大国工匠。而他荣誉等身的背后，是甘于奉献，是勇于创新，是乐于助人。“我就是喜欢研究这些，对于现在的工作，我不只是喜欢，而是深爱。我能用一辈子的时间做这件事，并且做得很好，我觉得很幸福。”面对荣誉，朱恒银总是这样谦虚。

想一想：读完大国工匠朱恒银的事迹，谈谈朱恒银身上具备哪些品质？他是怎样成为大国工匠的？

任务4.4 SLM金属打印产品后处理案例

【学习目标】

技能目标：能够对金属打印产品进行后处理。
知识目标：了解金属打印产品后处理方法。
素养目标：培养按照流程处理问题的能力。

【任务描述】

1. 了解金属打印产品后处理方法。
2. 理解后处理方法具体操作过程。

【任务分析】

1. 了解金属打印产品后处理常用处理方法，如清粉、去支撑、热处理、表面加工、上色及装配。

2. 理解并对金属打印产品进行后处理，需要了解后处理过程中每一步的目的、使用的工具和操作方法。

【任务实施】

本节课的任务是对几个金属打印模型案例进行后处理，具体过程如下：

任务4.4.1 弯管后处理

弯管后处理

1. 清粉

打印结束后，待机器冷却到室温后，戴好手套和防护口罩，操作步骤如下：

1）通过控制面板将加工平台下降5mm。
2）在MCS软件控制界面下选择运动选项，单击“回零”按钮，控制刮刀回零。
3）打开成形室舱门，用平铲、毛刷、冰铲等工具收集吸粉方管上的循环大颗粒并装袋存放。
4）拆除吸粉方管，将吸粉方管右下侧的定位销从成形室底板上的定位销孔中拔出。
5）用湿式防爆吸尘器对吸粉方管和侧面的吸粉方管连接头进行清洁。
6）用毛刷将吸风口、成形室内、刮刀架、工作平台等处的金属粉末慢慢扫入收粉盒（此过程动作一定要轻，防止粉末飞扬）。

7）在 MCS 软件中将工作台上升 5~10mm，运动速度为 2~3mm/s。

8）用毛刷将工作平台上的金属粉末慢慢扫入左侧收粉盒中（动作一定要轻，防止粉尘飞扬）。

9）重复步骤 7）和 8），直到工作台上升到最高点，且零件上的金属粉末基本清理干净。

整个清除金属粉末的过程如图 4-50a~i 所示。

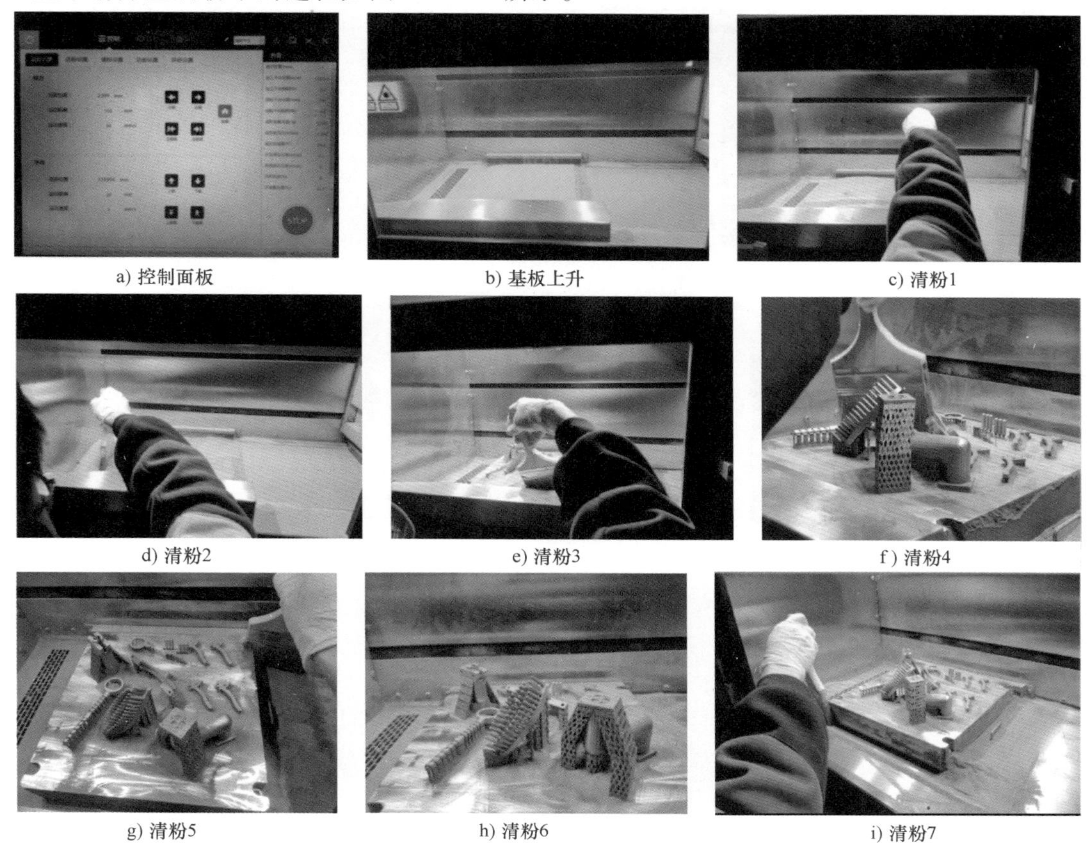

a) 控制面板　b) 基板上升　c) 清粉1　d) 清粉2　e) 清粉3　f) 清粉4　g) 清粉5　h) 清粉6　i) 清粉7

图 4-50　清粉过程

2. 捞件

将工件从金属 3D 打印机里取出来的过程称为捞件。清粉后，用吸尘器清理掉固定基材的内六角螺钉头内的金属粉末，取下吸粉方管，如图 4-51a 所示；用内六角扳手卸下固定基材的螺钉，如图 4-51b）所示；从打印机工作腔中取出基板及工件，如图 4-51c~e 所示；将基板竖放在不锈钢盆里，用胶木锤子轻轻敲打基板正面、反面清除基板上面打印件缝隙的金属粉末，如图 4-51f、g 所示；并将基板底面朝上晃动落粉，再用吸尘器将基板上的金属粉末清除，得到干净的基板，如图 4-51h、i 所示。

3. 分离

（1）夹紧　用台虎钳夹紧基板及其上面的金属打印件，如图 4-52a 所示。

（2）锯开　用锯子将金属打印件与基板分离，如图 4-52b 所示。

（3）分离　感觉金属打印件即将与基板分离时，停止拉锯，一只手轻轻扶着工件，另一只手用锤子轻轻敲击工件，使其与基板完全分离，分离后的弯管如图 4-52c 所示。

4. 去支撑

分离之后的打印件带有支撑，如图 4-53 所示。先用平口钳去掉大部分的支撑，再用锉刀

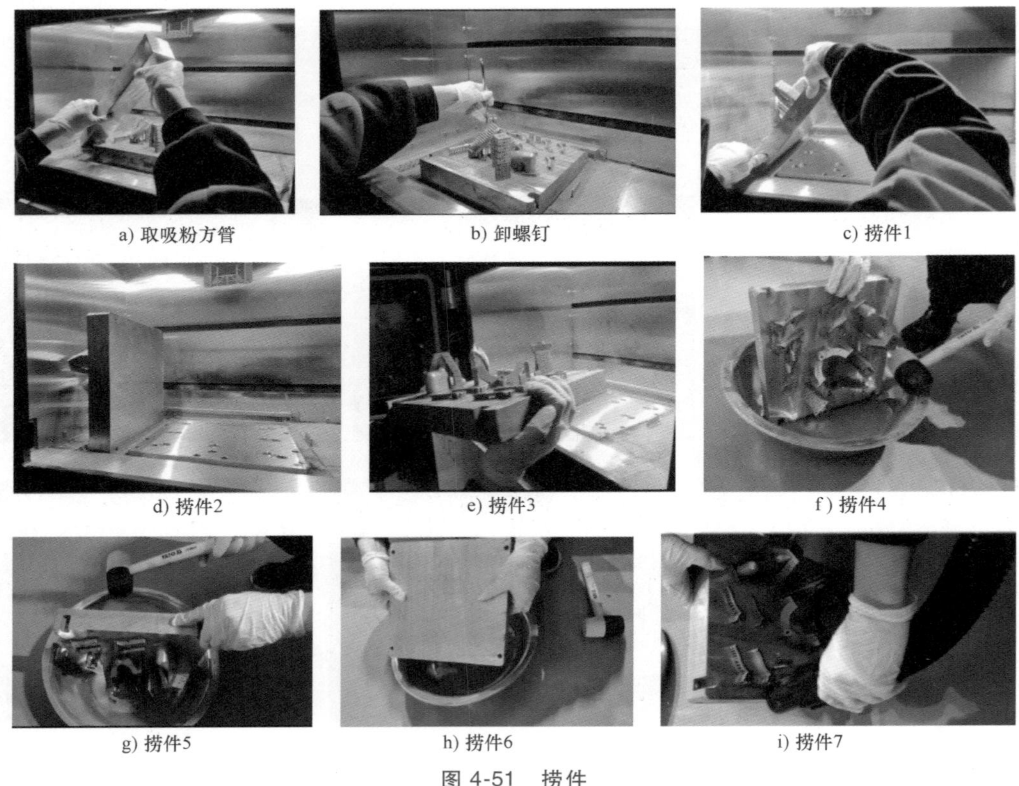

a) 取吸粉方管　b) 卸螺钉　c) 捞件1

d) 捞件2　e) 捞件3　f) 捞件4

g) 捞件5　h) 捞件6　i) 捞件7

图 4-51　捞件

锉掉多余的支撑，去支撑后的弯管如图 4-54 所示。

5. 表面加工

用电动打磨笔处理弯管外表面，并用砂纸打磨，经过表面加工后的弯管如图 4-55 所示。

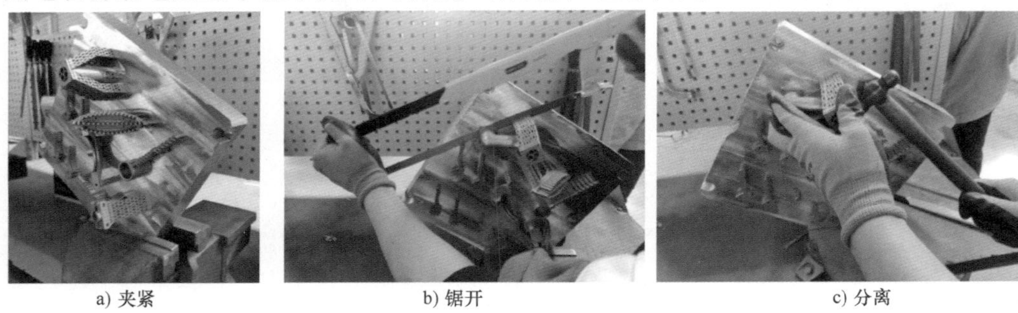

a) 夹紧　b) 锯开　c) 分离

图 4-52　分离过程

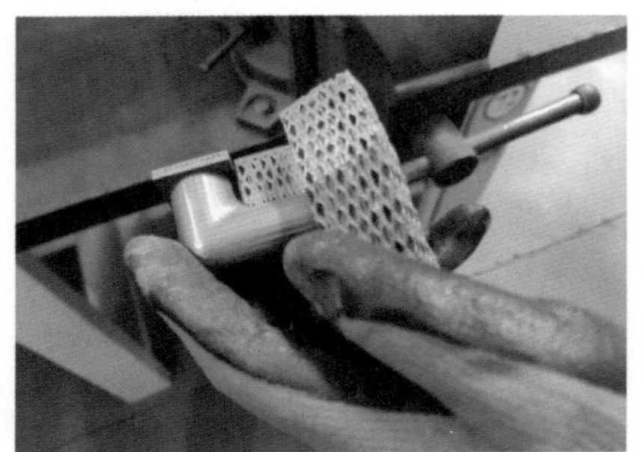

图 4-53　带支撑的弯管

图 4-54　去支撑后的弯管

图 4-55　表面加工后的弯管

任务 4.4.2　梳子后处理

梳子后处理

梳子的清粉和捞件过程与弯管相同，分离不需要用锯子锯开，可以用錾子从第一个支撑开始按顺序进行，具体过程如图 4-56a～c 所示。

去支撑的方法与弯管相同，再经过打磨处理，最终的成品件如图 4-57 所示。

a) 分离1

b) 分离2

c) 分离3

图 4-56　分离

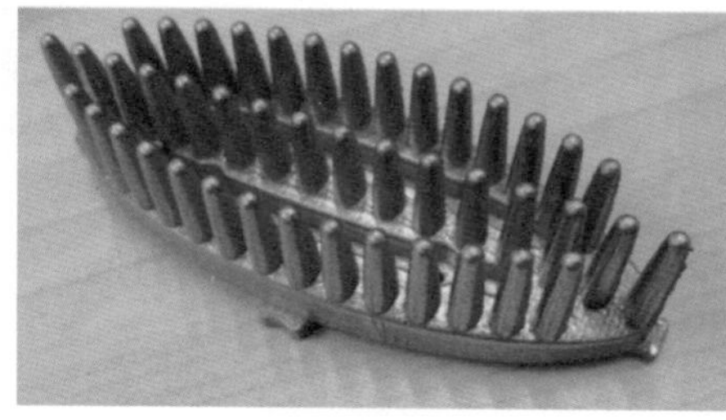

a) 正面

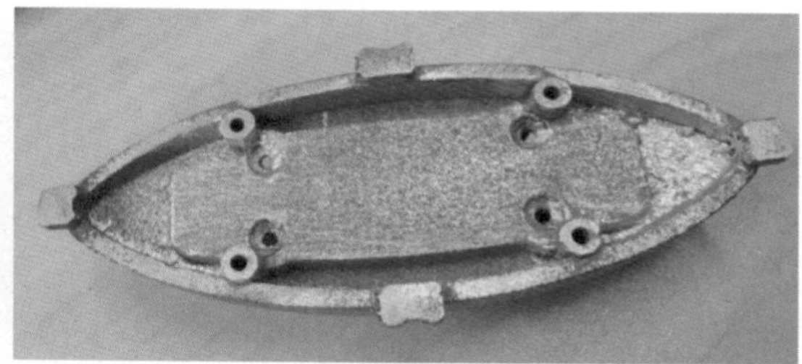

b) 背面

图 4-57　梳子成品

任务 4.4.3　开瓶器后处理

开瓶器后处理

开瓶器由主体、螺杆、齿形件和销钉组成，如图 4-58a～d 所示，其零件的清粉、分离、去支撑的过程基本上与弯管相同。

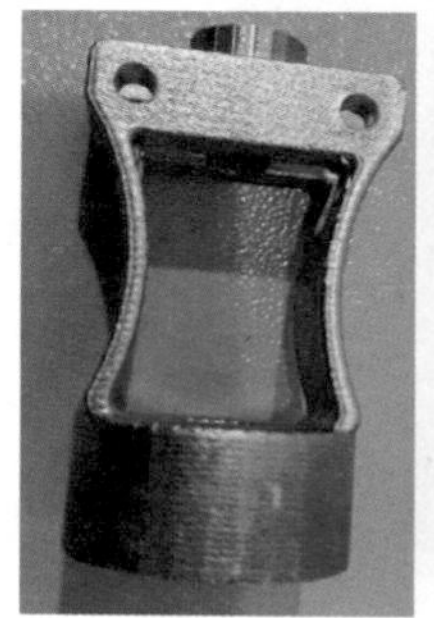

a) 主体

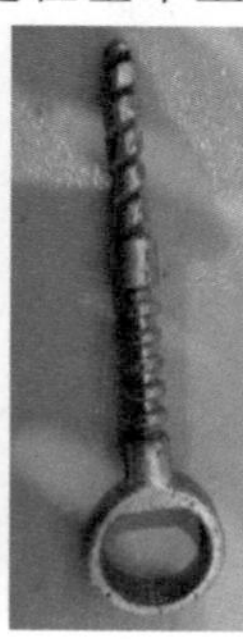

b) 螺杆

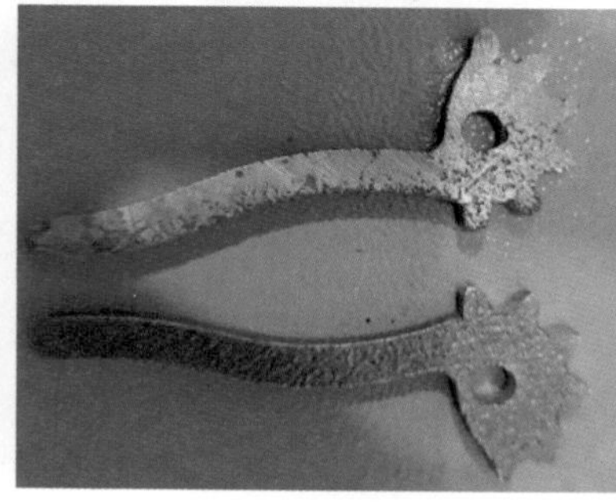

c) 齿形件

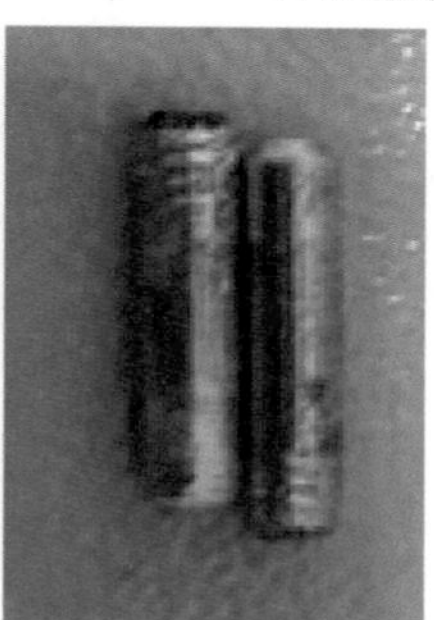

d) 销钉

图 4-58　开瓶器组件

表面加工过程主要是用电动打磨笔打磨主体零件的两个销孔，锉刀锉主体零件的外表面，再用砂纸打磨主体零件的外表面、孔及侧面，如图 4-59a～h 所示。螺杆及齿形件的表面加工过程如图 4-60a～c 所示。

开瓶器装配过程如图 4-61 所示。

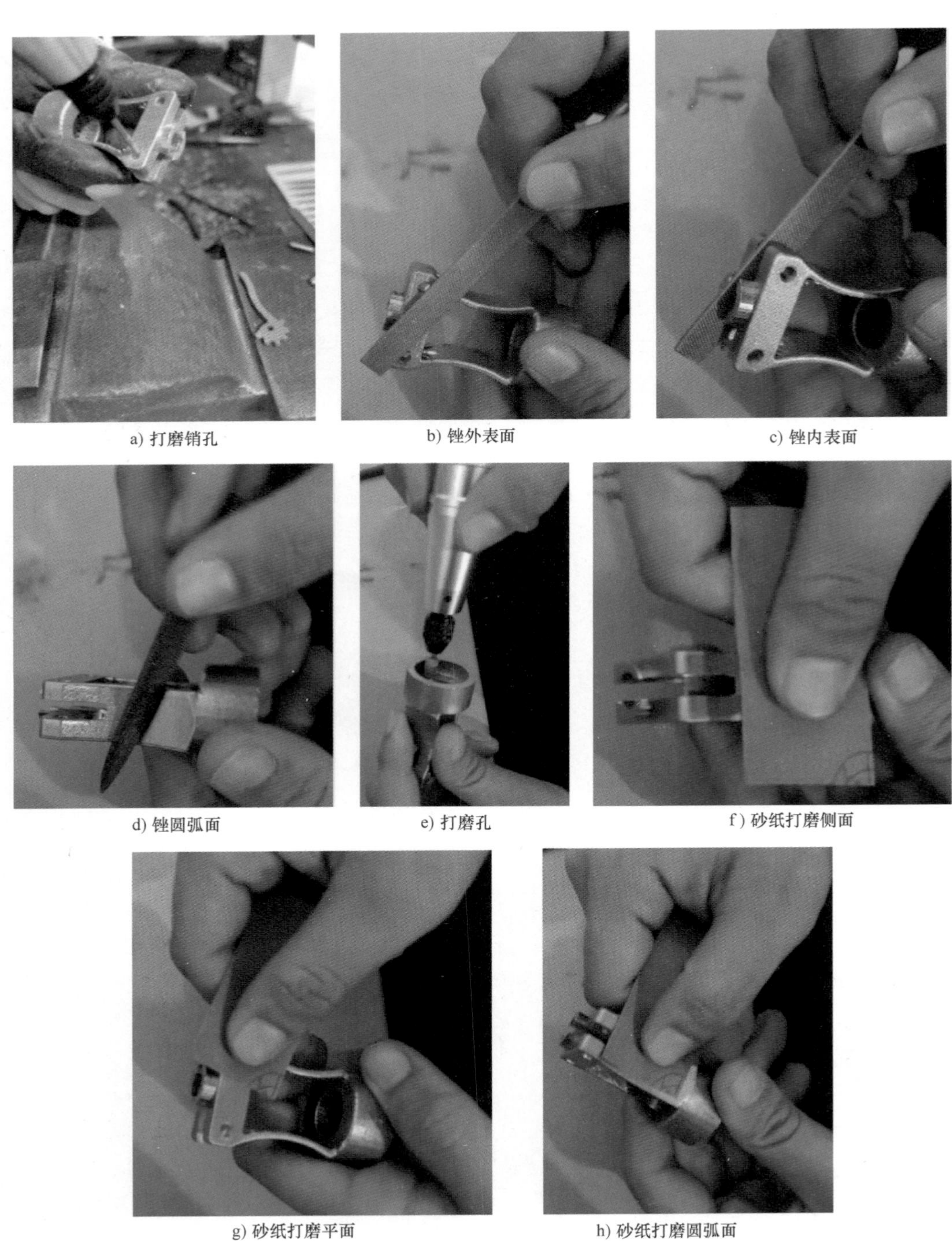

a) 打磨销孔　b) 锉外表面　c) 锉内表面

d) 锉圆弧面　e) 打磨孔　f) 砂纸打磨侧面

g) 砂纸打磨平面　h) 砂纸打磨圆弧面

图 4-59　开瓶器主体表面加工过程

a) 打磨孔

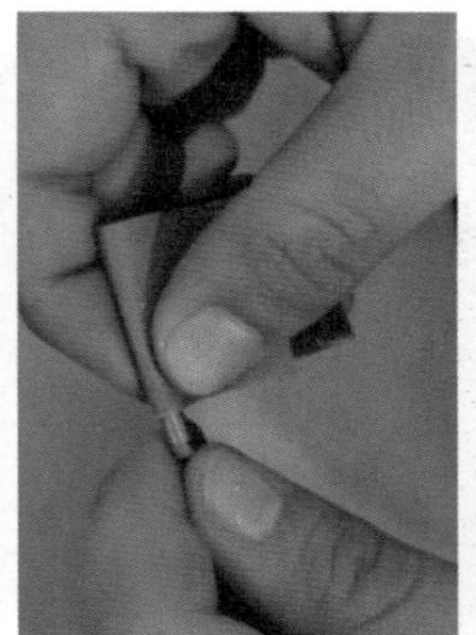
b) 用砂纸打磨螺杆螺纹

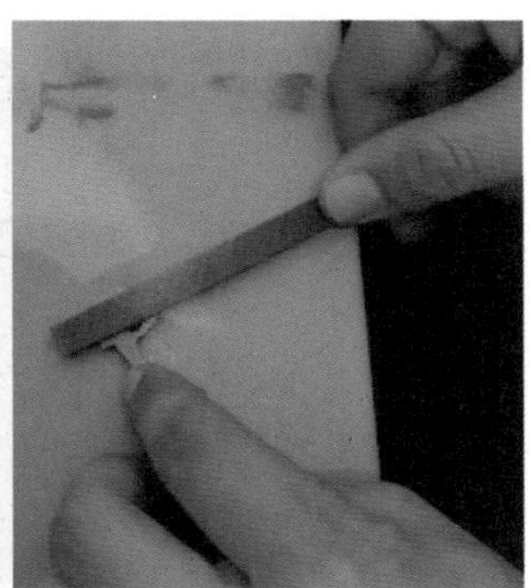
c) 锉齿形件表面

图 4-60　开瓶器螺杆、齿形件表面加工过程

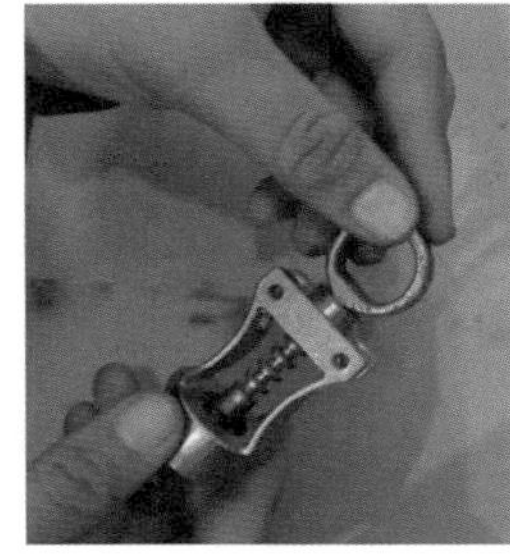
a) 装螺杆

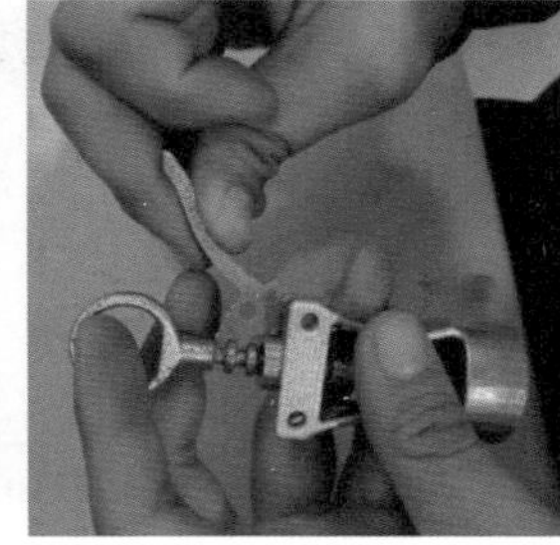
b) 装齿形件1

c) 装销钉1

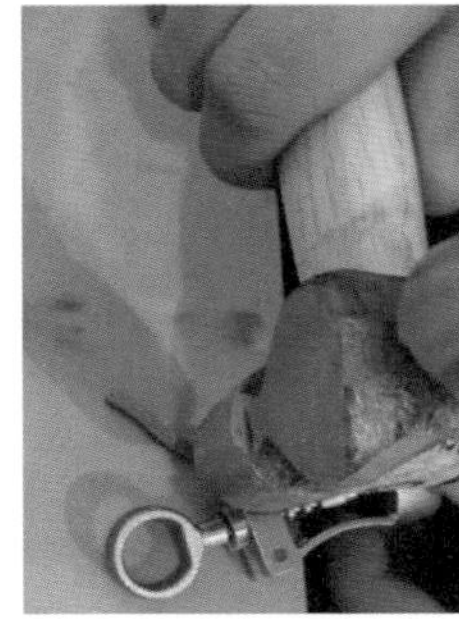
d) 装销钉2

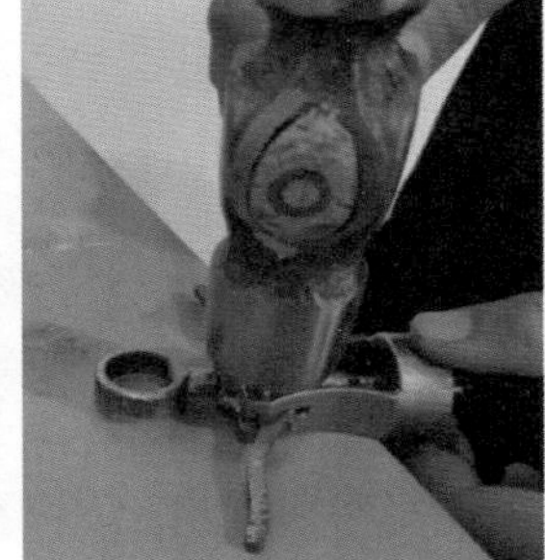
e) 装齿形件2

f) 开瓶器成品

图 4-61　开瓶器装配过程

【任务评价】

名称＿＿＿＿＿＿＿＿＿＿＿＿＿＿＿＿

用途＿＿＿＿＿＿＿＿＿＿＿＿＿＿＿＿

名称＿＿＿＿＿＿＿＿＿＿＿＿＿＿＿＿

用途＿＿＿＿＿＿＿＿＿＿＿＿＿＿＿＿

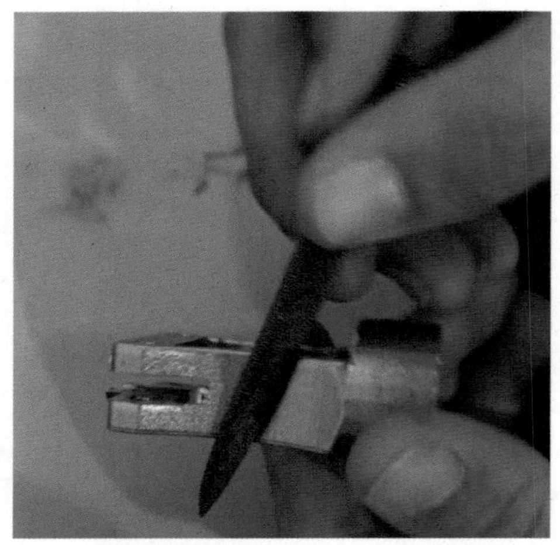

名称____________________
用途____________________

名称____________________
用途____________________

【人物风采】

大国工匠——夏立

从学徒工成长为身怀绝技的大国工匠，能将手工装配精度提高到 0.002mm 绝不简单，这相当于头发丝直径的 1/4。

夏立，中国电子科技集团 54 所天线伺服专业部钳工，连续在岗 30 多年。他从学徒钳工做起，而那一年，他还不到 17 岁。现在的他，已成长为高级技能带头人，并拥有了自己的工作室。多年来，团队成员足迹遍及天南海北，装配的“私人订制”天线分布全国各地。

天线的安装考验拧螺钉的技巧，夏立这每一扳手下去，找准的是那千分之几毫米，却直接提升了国产无人机的动态跟踪精准度。无人机动态跟踪，将面对战争、灾情等极端状况，其天线座架与反射体之间，要求最密合的连接。夏立钻研出的新技术将装配效率提高了 10 倍，把精度控制在了 0.015mm 以内，使无人机可以适应世界上最严苛的环境。

作为通信天线装配责任人，30 多年来，夏立亲手装配的天线指过“北斗”，送过“神舟”，护过战舰，亮过“天眼”。在人类极目宇宙的背后是一份极致的磨砺。

想一想：通过自己对案例的学习和了解，结合大国工匠夏立的事迹，谈谈处理 3D 打印产品，并使其达到高要求需要具备哪种精神？

项目5　其他成形方式产品后处理

【思维导图】

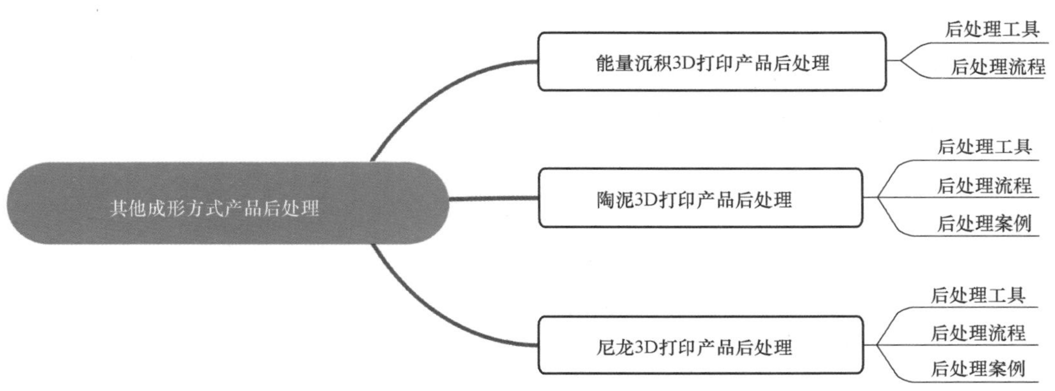

任务5.1　能量沉积3D打印产品后处理

【学习目标】

技能目标：能够正确使用设备、工具对能量沉积DED打印产品进行后处理、检测。
知识目标：了解后处理及测量设备、工具的功能、类型，掌握后处理及测量设备、工具的应用。
素养目标：培养按照操作规范使用设备、工具的能力。

【任务描述】

1. 认识并使用DED打印产品后处理、检测的常用设备和工艺，如热处理工艺、3D扫描仪等设备。

2. 认识并使用常用后处理设备、工具，如铣床、打磨机、錾子、整形锉、钳子、机用虎钳、台虎钳。

【任务分析】

1. 认识并使用DED打印产品后处理常用工艺，需要了解设备的组成、工作原理、特点及应用。

2. 认识和使用常用后处理工具，需要掌握工具的类型及应用、操作方法和使用规范。

【任务实施】

任务 5.1.1 能量沉积 3D 打印产品后处理工具

1. 3D 扫描仪

三维立体扫描就是测量实物表面的三维坐标点集，得到的大量坐标点的集合称为点云。

2. 超声探测器

回波测量即通过搭载在相应平台（如雷达）上的探测器测量回波信号，从而得到所需的各项物理信息。

超声波检测技术具有适中的分辨力和较低的成本优势，使之成为工业检测中应用较多的一种检测方法。超声检测过程中的回波信号同时包含回波信号和各种噪声信号，而且，微小回波信号较微弱，易于被噪声淹没，因此，必须设法从嘈杂的波形中判断出回波之所在。

目前，大部分的分析技术都是基于傅里叶变换，因而，无法将信号的时域特征和频域特征有机地结合起来；而且，傅里叶谱仅能反映信号的统计特性，不具备局部化分析信号的功能。在水中选用的超声波探头比空气中的探头具有更高的工作频率，因此，具有更高的分辨力，可以用于测量在几十毫米范围内距离发生的变化。

任务 5.1.2 能量沉积 3D 打印产品后处理流程

根据 DED 打印技术的工艺特点，以及 DED 打印件的成形过程（图 5-1），DED 的后处理流程一般分为五部分：热处理、半精加工、检测、缺陷处理、精加工。

1. 热处理

DED 工艺由于在打印的过程中有加大的热量输入，又因为在打印的过程中是点式的热量输入，并且冷却较为迅速，所以在零件内部会短时间地形成大量的热应力。热应力的积聚会造成零部件的变形甚至开裂，如图 5-2a、b 所示。因此在零部件打印完成之后，应在 24h 内进行热处理。

图 5-1 DED 打印

根据材料的不同选择不同的热处理温度和时长，还要根据不同的阶段来对零部件进行不同的热处理。有些材料本身塑性较好，如图 5-2c、d 所示，那么便可以省略这一步。有些材料需要在加工之后再次提升它的刚性，这时便需要第二次热处理，来提升整体性能。

还有一种热处理方法，是在零部件变形较大不能确保加工状态时使用的，也就是校形热处理。通常需要一些工装平台和安装夹具来使零部件在热处理之后达到一个平整的状态，便于后期加工。

2. 半精加工

要对 DED 零部件进行半精加工，首先要确保零部件的整体余量可以进行机械加工，也就是确保铣削出完整光亮的零部件。仅凭肉眼是无法判断的，需要专业的设备或方法来确认零部件有足够的余量加工。DED 零部件进行半精加工有两种方法：

（1）划线　将零部件吊装于划线平台上。使用垫块让零部件的整体平面处于一个稳定状态。使用等高齿和硫酸铜酒精溶液，来画出零部件、腹板和中间平面的基准线。如果基准线

图 5-2　不同的热应力成形件

被完全包含在零件毛坯中间腹板的内部，那么便可确认零部件的腹板可以被完整加工，其余多出来的部分为机械加工余量。可以采用样板对比的方法来进行余量测量。如果机加样板的镂空部分完全可以被毛坯包含住，那么便能确保零部件可以被正常加工。

（2）3D 扫描　采用手持式 3D 激光扫描仪，对打印的毛坯进行扫描。提取扫描后的数据，使用专业软件对毛坯和半精加工的零件模型进行对比。在进行自动调整之后，可以确认毛坯是否能包含半精加工模型，各个位置的余量有多少可以一目了然。将半精加工模型置于水平方向上，那么各个位置的余量到水平面的距离便可以确认。在机床上按照刚才摆放的状态把毛坯摆放在机床平面上，就可以进行后续的加工了。

3. 检测

一般零部件的检测需要按照零部件的技术要求进行，可以对零部件进行多种方式的检测。一般常见的检测方式有渗透、荧光、超声、射线四种。

（1）渗透检测　渗透检测主要是为了检测零部件表面的缺陷和裂痕。可以用于半精加工的零部件检测，也可以用于毛坯的边角部分的检测。渗透检测时一般有三种试剂，分别为：渗透剂、清洗剂和显影剂。首先使用清洗剂将零部件表面需要检测的位置擦拭干净。然后喷涂渗透剂。渗透剂一般为红色高分子流体。可以流入极小的缝隙内部。静置 10min 左右，再次喷涂清洗剂，清洗掉表面残余的渗透剂。之后喷涂显影剂，显影剂一般为白色，显影剂会将细小裂缝中的渗透剂吸附出来。如果零部件有缺陷，我们便可以在白色的部分看到红色的点状或线状的显示，从而确认该部分存在缺陷。

（2）荧光检测　荧光检测也是为了检测零部件表面的缺陷和裂痕。基本原理与渗透方式相同，但工序较为烦琐。主要使用荧光剂，需要在完全黑暗的环境下去观察荧光部分。荧光剂清洗完成之后，在暗室中如果可以观察到荧光发亮，则表示该部分有缺陷。

（3）超声检测　超声检测顾名思义为超声波反射式检测的手段。超声检测通常用于零部件内部缺陷的定位。也就是说只能检测出零部件内部缺陷的位置和大小，并不能检测出缺陷的形式。

超声检测通常需要零部件具有光滑的表面。将超声探头置于零部件表面，如果零部件内部组织均匀，那么超声示波表上的曲线也相对均匀；如果零部件内部有缺陷，那么示波表上的曲线便会有较大的突变，如图 5-3 所示。超声检测的时候，超声探头的表面以下 3～5mm 为检测盲区。为了确保经超声检测的零部件没有缺陷，在零部件表面应留有 3～5mm 的余量。所以选择在半精加工的状态下，对零部件进行超声检测。

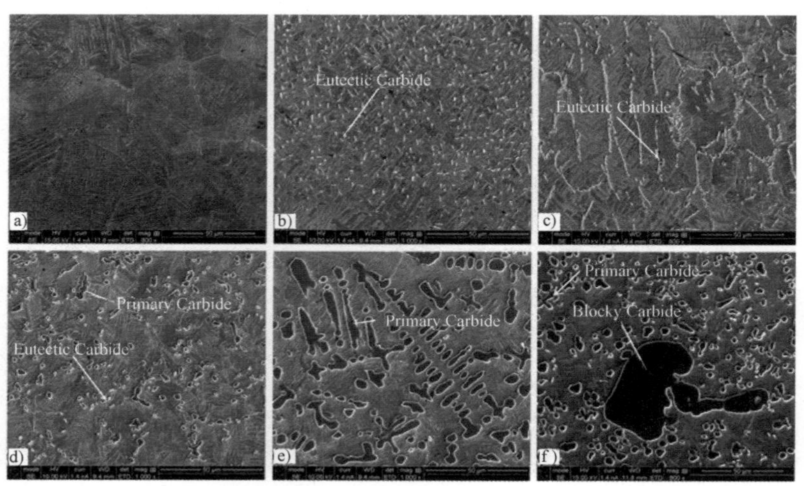

图 5-3 打印件内部示波图

有时候为了提高检测精度，会采用双精度探头或水下超声检测。

（4）射线检测 射线检测即 X 光检测。将零部件置于铅板房内，在零部件下方垫好胶片，使用 X 光对零部件进行照射。未被零件阻挡、直接接触 X 光的胶片部分，会显示为黑色。被零部件阻挡、接受 X 光照射的部分，会显示为透明。如果零部件内部含有缺陷，那么在透明部分会显示出较亮或者较暗的点或者线，根据密度的不同显示的颜色不同。

4. 缺陷处理

对照技术要求标准。如果缺陷较小，那么直接采用加工的方式将缺陷去除，后期采用 DED 技术进行二次修复即可。后续需要二次检测，直至检测合格。

如果缺陷较大，且分布点位较多，那么零部件可以直接报废。

5. 精加工

在零部件检测合格之后，对零部件进行最终状态的加工。

【任务评价】

1. 小组展示产品或说明工艺
2. 评价

项目	考核内容	考核标准	配分	小组评分	教师评分	总评
能量沉积（DED）3D 打印产品后处理	工具的掌握					
	流程的熟悉					
	操作规范					
	产品处理质量					
	职业素养					
总分						

【人物风采】

大国工匠——谭文波

坚守大漠戈壁 20 多年，被称为油田的土发明家。他冒着生命危险研制出电动液压地层封闭技术，使我国拥有了该项技术的自主知识产权，打破了底层封闭工具都要从国外引进的局面；作为世界首创的新技术，也为世界石油技术实现了一次重大革新。

谭文波，中共党员，中国石油集团西部钻探工程有限公司试油公司试油工。他是一名普通的工人，一些小改小革，达不到科研项目的高度，没有经费，没有资源，只有依赖旧料利用、变废为宝。空闲的时候，谭文波就喜欢捣鼓这些“宝贝”，吃住在单位是常事。正是这些看似不值钱、不起眼的“破烂零件”，为他提供了许多创新灵感，解决了许多生产难题。

2008年，公司的一辆装载德国进口液压系统的电缆测井车的液压泵出现故障。每耽搁一天，单位就要遭受巨大的经济损失。他主动请缨，利用废旧材料排除故障，为公司挽回经济损失100余万元。2010年，他利用闲置材料对传统井下工具进行加工改造，使原本需要两次往复的工序缩短为一次。2011年，他研制的项目在提高现场应急作业能力的同时更实现了直接创效。仅一年，实现累计节省成本130余万元。同年8月，他又发明了连续油管液压助排器，将工作效率提高30倍。

想一想：阅读大国工匠谭文波的事迹，讨论弘扬工匠精神、助推中国制造的意义。

任务5.2 陶泥3D打印产品后处理

【学习目标】

技能目标： 能够正确使用设备、工具对陶泥3D打印产品进行精修、上釉、烧制。
知识目标： 了解后处理及烧制设备、工具的功能、类型，掌握后处理及烧制设备、工具的应用。
素养目标： 培养按照操作规范使用设备、工具的能力。

【任务描述】

1. 认识并使用陶泥打印产品烧制的常用设备和工艺。

2. 认识并使用常用后处理设备、工具，如割线、塑板（刮片）、修坯刀、陶针或钢锥、泥塑刀（刮刀）、碾辊等。

【任务分析】

1. 认识并使用陶泥打印产品后处理常用工艺，需要了解设备的组成、工作原理、特点及应用。

2. 认识和使用常用后处理工具，需要掌握工具的类型及应用、操作方法和使用规范。

【任务实施】

任务5.2.1 陶泥3D打印产品后处理工具

1. 烧制设备

在陶瓷烧制的过程中，需要使用陶瓷窑炉，陶瓷生产中使用的窑炉有煤窑、柴窑、电窑、燃气窑等，而电窑（图5-4）是目前应用最普遍也是最环保的陶瓷烧制设备。陶泥3D打印主要使用在定制化生产、艺术品制作过程中，因此，主要使用电窑进行烧制。

电窑通常由窑室、加热元件、控制器、通风元件等四部分组成。加热多半以电炉丝、硅碳棒或二硅化钼作为发热元件，依靠电能辐射和导热原理进行氧化气氛烧制。

目前市场上的电窑基本上带有不同材料烧制的自动模式，电子程序调控，操作简单，安全性能好，有一些产品还带有智能控制部分，能调节温度变化曲线，适用于各种工作场所。

因此，陶泥 3D 打印产品一般选择此类电窑。

图 5-4　电窑

2. 上釉材料、工具

釉是附着在陶瓷器胚体上的一种玻璃质矿物。经过烧制，可以使陶瓷制品表面获得光泽、不吸水而且更加耐用，同时也能获得丰富的装饰效果。一般以长石、石英、黏土等为原料。亦作油、锈、砷，又称油水、釉汁、锈浆、釉药或垩泽。

（1）釉的种类　按坯体类别可分为瓷釉、陶釉及火石器釉；按烧成温度可分为高温釉、低温釉；按外表特征可分为透明釉、乳浊釉、颜色釉、有光釉、无光釉、裂纹釉（开片）、结晶釉等；按釉料组成可分为石灰釉、长石釉、铅釉、无铅釉、硼釉、铅硼釉等。

陶泥 3D 打印产品根据所选陶泥材料的不同，可以选择不同的釉质。

（2）上釉的方法　常用的有喷釉、浸釉、浇釉、刷釉及汤釉。上釉时一定要掌握釉的悬浮性和附着性，以及釉的厚度。

喷釉（图 5-5）适用于形状复杂的坯体，陶泥 3D 打印产品具有细节的纹路，因此通常会采用喷釉工艺。主要工具有：喷釉电动机、喷枪。

3. 后期精修工具

陶泥 3D 打印的胚体一般需要进行手工精修。必备的工具主要有竹刀、刮刀、钢丝弓等，如图 5-6 所示。

（1）竹刀　在胚体精修制作中和双手结合的必备工具。

（2）刮刀　用于修坯，塑造、修平作品的各个面时使用。

（3）钢丝弓　切割陶泥时使用。

任务 5.2.2　陶泥 3D 打印产品后处理流程

根据陶泥 3D 打印作品成形特点（图 5-7）陶泥 3D 打印产品的后处理流程一般分为三部分：后期精修、上釉、高温烧制。

图 5-5　喷釉

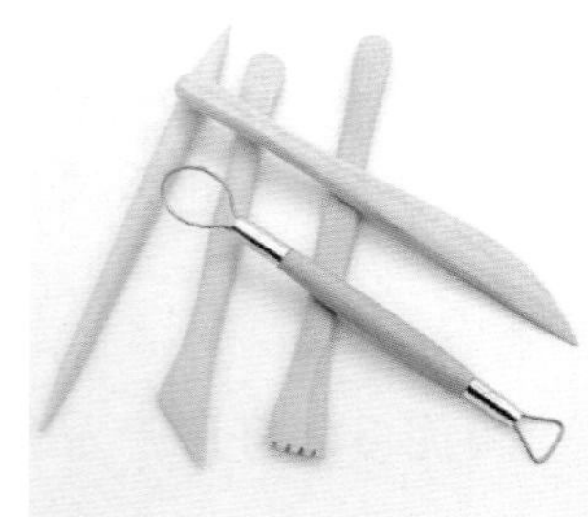

图 5-6　精修工具组

图 5-7　陶泥打印作品

任务 5.2.3　陶泥 3D 打印产品后处理案例

陶泥打印件后处理

下面以某一陶泥 3D 打印产品为例学习陶泥产品后处理流程。

1. 后期精修

3D 打印完成的坯体，其表面不太光滑，边口都有毛边，有的还留有模缝迹，而且有些产品还需要进一步加工，如挖底打孔等，因此需要进一步加工修平，称为精修，如图 5-8 所示。精修方法有湿修和干修之分。

（1）湿修 在坯体含水很多尚且是软的情况下进行，适合器具复杂或需经湿修的坯体，此时操作较容易而且修坯刀不易磨损。缺点是容易在搬运过程中使坯件受伤而变形，对提高品质不利。

（2）干修 在坯体含水量降到 6%～10%或干燥后水分更低的情况下进行。此时坯体强度增高，可减少因搬运受伤而引起的变形，对提高品质有利。缺点是粉尘较大，而且对修坯刀的阻力大，容易跳刀，修坯刀的磨损较大，其技术也比较难以掌握。因此要根据实际情况选用方法。

2. 上釉

陶泥 3D 打印作品是泥、釉、火的综合产物，不同色釉的透明度、覆盖度都有所不同。所以陶泥 3D 打印的作品在塑制过程中也把釉色因素结合在一起加以考虑。

根据陶泥 3D 打印作品的纹理特点和使用场景，一般采用喷釉的方式，如图 5-9 所示，用喷釉电动机、喷枪把釉药喷于坯体。和其他陶瓷作品一样，喷釉前需要进行制釉，通过选择釉用原料，根据所使用的作品以及想要表现的色彩等因素配置不同的釉浆。

图 5-8 精修

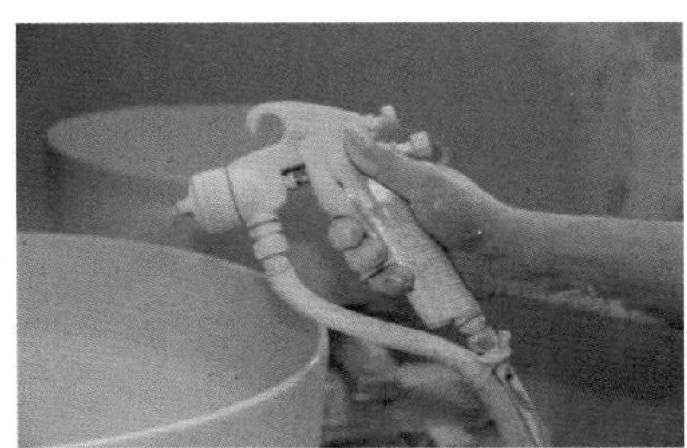

图 5-9 喷釉

图 5-10 烧制

喷釉是利用压缩空气将釉浆通过喷枪或喷釉机喷成雾状。釉层厚度与坯体和喷口的距离、喷釉压力、喷浆比重有关。

3. 高温烧制

烧制陶泥 3D 打印坯体就是“火”的艺术，火不仅使黏土和釉的晶体结构发生变化，形成一种新的物质，而且赋予陶艺作品艺术生命和美感。作品的效果要通过烧制的过程才能得到真正体现，烧制的好坏是决定作品成败的关键。烧制效果是由窑炉的结构、烧制气氛、烧制曲线、烧制方法等因素决定的。

所谓的烧制（图 5-10），就是将已干燥或上了釉的坯体装入窑炉，经过不同气氛的高温烧制，使泥料和釉在烧制过程中发生一系列物理和化学变化。这些变化在不同的烧制曲线和温度阶段决定了陶艺作品的品质。烧制过程大致可以分为以下几个阶段：

（1）预热阶段（常温～300℃） 本阶段工艺目的主要是坯体的预热与坯体残余水分的排除。窑内升温速度与坯体残余水分，坯体尺寸形状，窑内温差，窑内制品装载密度等有关。

（2）氧化分解阶段（300～950℃） 陶瓷坯釉在此阶段发生的物理变化主要有质量减轻，强度降低；发生的化学变化主要有结晶水排出，有机物、硫化物氧化，碳酸盐分解，石英晶型转变等。

（3）高温阶段（950°～最高烧成温度） 该阶段坯体开始出现液相，釉层开始熔融。高温阶段也常称为成瓷阶段。在这个阶段，由于液相量增加，气孔率减小，坯体产生较大的收缩，这时应特别注意窑内烟气与制品间的传热状况，并加以调整，力求减少制品不同部分、同一部分表层及内部的温差，防止由于收缩相差太大而导致制品变形或开裂。

（4）高火保温阶段 高火保温阶段的主要作用是减少制品不同部分、同一部分表层及内部的温差，从而使坯体内各部分物理化学反应进行得同样安全，组织结构趋于均匀。

（5）冷却阶段　850℃以上时由于有较多液相，坯体还处于塑性状态，故可进行快冷，快冷防止了液相析晶、晶体长大以及低价铁再氧化，从而提高了坯体的机械强度、白度以及釉面光泽度。

【任务评价】

1. 小组展示产品或说明工艺
2. 评价

项目	考核内容	考核标准	配分	小组评分	教师评分	总评
陶泥 3D 打印产品后处理	工具的掌握					
	流程的熟悉					
	操作规范					
	产品处理质量					
	职业素养					
总分						

【人物风采】

大国工匠——陈贻谟

30 年前，淄博陶瓷走进了中南海；15 年前，由陈贻谟先生潜心设计的日用瓷作品《中华龙》国宴系列用瓷钓走进了钓鱼台国宾馆。

陈贻谟，从事艺术事业 60 余年，创作作品 400 余件套，获省级以上奖励 108 次，在淄博乃至全国陶瓷工艺美术界是响当当的人物。

大师陈贻谟出身于传统陶瓷艺术世家。祖父和父亲都是陶瓷艺人，受家庭的熏陶，陈贻谟从儿童时期就开始接触陶艺，在完全掌握了陶器制作的工艺之后利用业余时间研究汉唐雕塑的艺术特色，又对比现代造型艺术的风格，在学习过程中他的作品开始有了自己的风格特点。

陈贻谟先生在陶瓷事业上辛勤耕耘，以 80 岁的高龄仍然不忘雕塑的创作，陶瓷艺术已经融入他的生命之中。他的作品深受收藏爱好者喜爱，每逢有新作推出必然引起一阵收藏热潮。他的日用瓷设计作品市场保有量大，全国各地都有收藏，特别是他设计的《中华龙》系列国宴用瓷，有很高的知名度和代表性，虽然已经享誉 20 余年，但至今仍然炙手可热。作为山东陶瓷界的领军人物，陈贻谟先生培养徒弟多人，其中中国陶瓷艺术大师 2 人，山东省级大师数人，可谓桃李满天下。他多次以评委身份代表山东省参加全国评比，在中国陶瓷界也以自己的独特风格占有一席之地。

想一想：阅读大国工匠陈贻谟的事迹，结合学习的内容，谈谈陶泥 3D 打印技术对陶瓷工艺品的推动作用。

任务 5.3　尼龙 3D 打印产品后处理

【学习目标】

技能目标：能够正确使用设备、工具对尼龙打印产品进行清粉、喷砂、上色。
知识目标：了解清粉、喷砂设备、工具的功能、类型，掌握后处理设备、工具的应用。
素养目标：培养按照操作规范使用设备、工具的能力。

【任务描述】

1. 认识并使用尼龙打印产品后处理的常用设备和工艺，如吸粉装置、喷砂、染缸等设备。
2. 认识并使用常用后处理设备、工具，如跳针、刷子、砂纸等。

【任务分析】

1. 要认识并使用尼龙打印产品后处理常用工艺，需要了解设备的组成、工作原理、特点及应用。
2. 要认识和使用常用后处理工具，需要掌握工具的类型及应用、操作方法和使用规范。

【任务实施】

任务 5.3.1　尼龙 3D 打印产品后处理工具

1. 吸粉装置

吸粉装置（图 5-11）由抽风管、储粉罐、过滤器、支架和风机等组成，粉末回收到储料罐内进行储存，可根据使用情况进行回收再利用，避免粉末的浪费。

2. 喷砂机

喷砂机介绍详见项目 2。

任务 5.3.2　尼龙 3D 打印产品后处理流程

尼龙 3D 打印产品如图 5-12 所示，一般后处理流程分为四部分：清粉、喷砂、打磨、上色。

图 5-11　吸粉装置

图 5-12　尼龙 3D 打印产品

任务 5.3.3　尼龙 3D 打印产品后处理案例

尼龙打印件后处理

下面以某一尼龙 3D 打印产品为例学习尼龙打印产品后处理流程。

1. 清粉

（1）自然冷却　打印完成后，将产品放置在成形小车中进行自然冷却，如图 5-13 所示，冷却时间 12h，目的是改善产品性能，防止快冷造成零件变脆。

（2）去除粉末　自然冷却后，通过吸粉装置将成型小车的多余粉末回收，将零件表面粉末去除，粉末可回收使用。

1）用刷子把覆盖零件的粉末清理到成形缸，露出零件，将零件从粉堆中取出，如图 5-14 所示。

图 5-13　成型小车

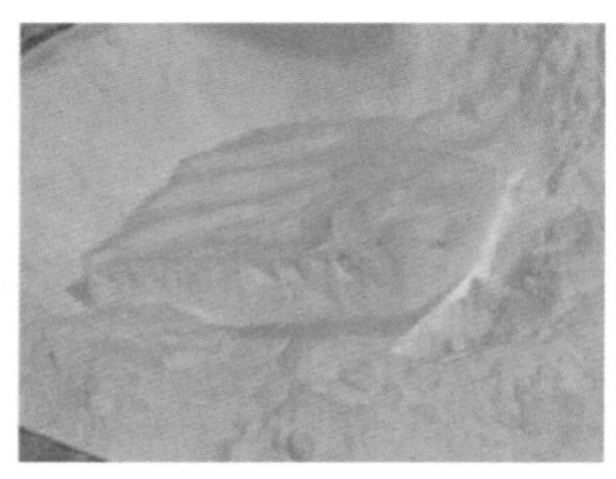

图 5-14　取出产品

2）用刷子等工具将零件上的粉清除，如图 5-15 所示，用吸粉管清除吸附在零件表面的粉末。

图 5-15　刷子清粉

2. 喷砂

去除粉末后的零件本身是粗糙的，将残留在零件表面的粉末通过喷砂处理，去除干净，通过塑料珠等材料喷砂，清洁表面，以除去黏附在表面上的任何未烧结的粉末。

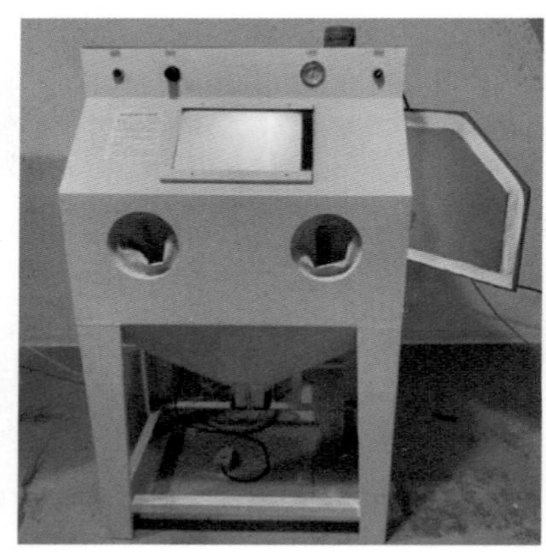

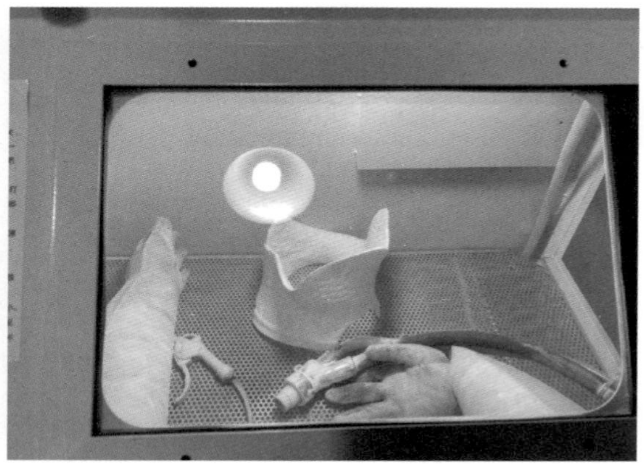

图 5-16　喷砂机

将零件放入喷砂机内，如图 5-16 所示；开启喷砂机，喷头对着零件喷砂，如图 5-17 所示。

喷砂之后，使用高压压缩空气，将喷砂后零件表面吹干净，如图 5-18 所示。

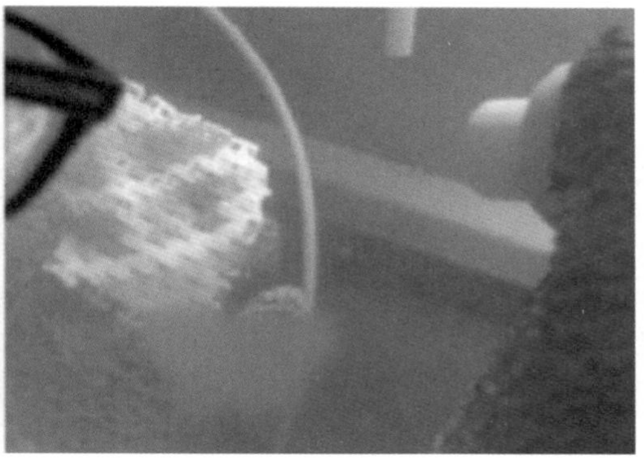

图 5-17　喷砂操作

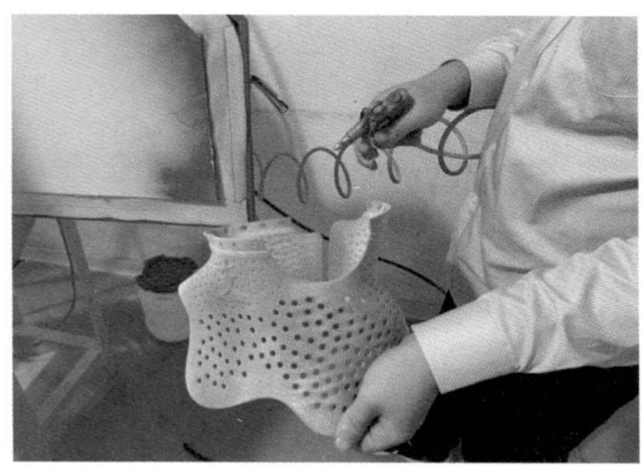

图 5-18　压缩空气清理

3. 打磨

经过喷砂之后，对零件的细节部分用砂纸等进行打磨。

4. 上色

将清洁后的零件放入染色缸中，水温约 95℃，经过 2h 的染色处理，如图 5-19 所示。

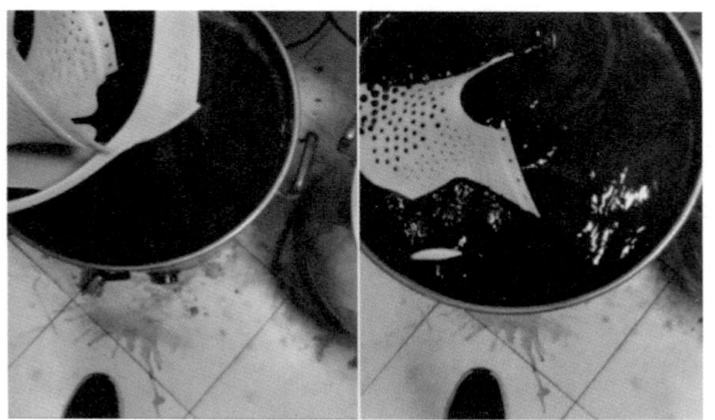

图 5-19　水煮染色

将染色后的零件放入容器中，使用 45℃左右的温水冲刷清洗零件表面，如图 5-20 所示。温水清理后，使用干净压缩空气，将零件表面的水分吹干后晾置，如图 5-21 所示。

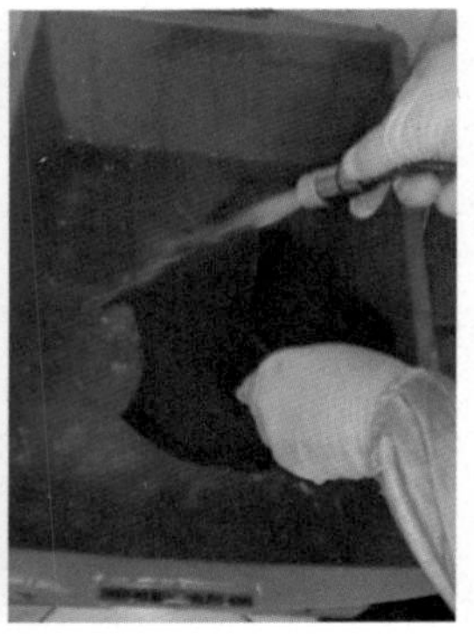

图 5-20　温水浸泡、清洗

图 5-21　压缩空气干燥产品

【任务评价】

1. 小组展示产品或说明工艺
2. 评价

项目	考核内容	考核标准	配分	小组评分	教师评分	总评
尼龙 3D 打印产品后处理	工具的掌握					
	流程的熟悉					
	操作规范					
	产品处理质量					
	职业素养					
总分						

【人物风采】

大国工匠——吕献然

没有上过大学，靠勤学苦练实现了人生的逆袭，成长为独当一面的行家里手。她就是驰骋赛场多次摘冠、带出一流团队、助力公司产品品质提升的吕献然。

吕献然，是河南神马尼龙化工公司技术中心实验室的三级工程师。1996 年，刚毕业的吕献然被分配到 6.5 万 t 尼龙 66 盐厂工作，当时这项国家重点工程建设正如火如荼，面对高新技术和高新设备，面对同岗位优秀的本科毕业生，对于当时只有技校文凭的吕献然来说，起跑线远远落在了后面。

然而，不服输的吕献然没有气馁。“虽然我的基础薄弱，但是我可以在干中学，在学中干，只要多下功夫，一定能干出成绩。”上网翻译研究国外同行业样品标注的技术指标，对标国外先进企业产品质量技术指标，不断开发、建立、优化新的分析项目和分析方法，共建立了《己二酸多元醇色度》《己二酸中微量丁二酸、戊二酸的测定》等 10 余项分析方法，在公司产品质量检验中推广使用，以满足产品质量的不断升级和客户需求的多样化，为公司产品己二酸、尼龙 66 盐、己二胺的差异化生产及销售提供了理论依据。

工作 26 年来，从一名普通女工到中原技能大师，她的岗位发生过数次变化，可是她的进取之心始终没有改变。多年来，她带领团队成员参加催化剂研发攻关、产品提质增效等攻关项目 40 余项，同步建立分析法 20 余项，先后荣获全国石油化工行业优秀技能人才、全国五一巾帼标兵、河南省技术能手、中原技能大师等荣誉称号。

想一想：阅读大国工匠吕献然的事迹，给你带来的启示有哪些？

参 考 文 献

[1] 蔡启茂，王东．3D 打印后处理技术［M］．北京：高等教育出版社，2019.

[2] 吴国庆．3D 打印成型工艺及材料［M］．北京：高等教育出版社，2018.

[3] 杨永强．激光选区熔化 3D 打印技术［M］．武汉：华中科技大学出版社，2019.

[4] 宋闯，周游．3D 打印建模·打印·上色实现与技巧：UG 篇［M］．北京：机械工业出版社，2016.

[5] 蔡晋，李威，刘建邦．3D 打印一本通［M］．北京：清华大学出版社，2016.

[6] 陈国清．选择性激光熔化 3D 打印技术［M］．西安：西安电子科技大学出版社，2016.

[7] 陈森昌．3D 打印的后处理及应用［M］．北京：华中科技大学出版社，2018.

[8] 白基成，刘晋春，郭永丰，等．特种加工［M］．6 版．北京：机械工业出版社，2015.